213 Anaesthesiologie und Intensivmedizin
Anaesthesiology and Intensive Care Medicine

vormals „Anaesthesiologie und Wiederbelebung"
begründet von R. Frey, F. Kern und O. Mayrhofer

Herausgeber:
H. Bergmann · Linz (Schriftleiter)
J. B. Brückner · Berlin   M. Gemperle · Genève
W. F. Henschel · Bremen   O. Mayrhofer · Wien
K. Meßmer · Heidelberg   K. Peter · München

H.-A. Adams

Kolloide und Resorption von Lokalanaesthesielösungen

„In vitro"- und tierexperimentelle Befunde
sowie klinische Ergebnisse bei Probanden
und Patienten

Geleitwort von G. Hempelmann

Mit 29 Abbildungen und 33 Tabellen

Springer-Verlag
Berlin Heidelberg New York London
Paris Tokyo Hong Kong Barcelona

Priv.-Doz. Dr. med. Hans-Anton Adams
Abteilung für Anästhesiologie und Operative Intensivmedizin
des Klinikums der Justus-Liebig-Universität Gießen
Klinikstraße 29, D-6300 Gießen

ISBN-13: 978-3-540-52256-0   e-ISBN-13: 978-3-642-75480-7
DOI: 10.1007/ 978-3-642-75480-7

CIP-Titelaufnahme der Deutschen Bibliothek
Adams, Hans-Anton: Kolloide und Resorption von Lokalanaesthesielösungen:
„In vitro"- und tierexperimentelle Befunde sowie klinische Ergebnisse bei Probanden
und Patienten / H.-A. Adams.
Berlin; Heidelberg; New York; London; Paris; Tokyo; Hong Kong; Barcelona:
Springer, 1990
(Anaesthesiologie und Intensivmedizin; 213)

NE: GT

Die Wiedergabe von Gebrauchsnamen, Handelsnamen, Warenbezeichnungen usw. in
diesem Werk berechtigt auch ohne besondere Kennzeichnung nicht zu der Annahme,
daß solche Namen im Sinne der Warenzeichen- und Markenschutz-Gesetzgebung als frei
zu betrachten wären und daher von jedermann benutzt werden dürfen.

Produkthaftung: Für Angaben über Dosierungsanweisungen und Applikationsformen
kann vom Verlag keine Gewähr übernommen werden. Derartige Angaben müssen vom
jeweiligen Anwender im Einzelfall anhand anderer Literaturstellen auf ihre Richtigkeit
überprüft werden.

Satz und Druck: Zechnersche Buchdruckerei, Speyer
Bindearbeiten: J. Schäffer, Grünstadt

2119/3140-543210 – Gedruckt auf säurefreiem Papier

Geleitwort

Die vorliegende, mit dem Carl-Ludwig-Schleich-Preis 1988 der Deutschen Gesellschaft für Anästhesiologie und Intensivmedizin ausgezeichnete Habilitationsschrift befaßt sich mit dem Einfluß kolloidaler Substanzen auf die Resorption von Lokalanästhesielösungen. Durch eingehende Labor- und tierexperimentelle Studien sowie Untersuchungen an Probanden und Patienten wurde eine Fragestellung bearbeitet, deren Lösung die Patientensicherheit bei Infiltrationsanästhesien mit großen Volumina verbessern kann. Wenn auch die klinische Bedeutung der Ergebnisse wegen der jederzeit bestehenden Möglichkeit einer Allgemeinanästhesie nur begrenzt ist, so kann ein Zusatz von Kolloiden zu Lokalanästhesielösungen bei größeren Eingriffen in Ausnahmesituationen doch von praktischem Nutzen sein. Im klinischen Alltag bietet sich das beschriebene Vorgehen ferner an, wenn adrenalinhaltige Lokalanästhesielösungen während Allgemeinanästhesien mit volatilen Anästhetika verwendet werden.

Dieses Buch dürfte für jeden an der Regional- und Lokalanästhesie Interessierten eine Anregung und gleichzeitig eine reichhaltige Fundgrube darstellen. Dem Autor kann man zu dieser exakten Studie nur gratulieren und dem Buch eine weite Verbreitung wünschen.

Gießen, im Mai 1990   *G. Hempelmann*

Inhaltsverzeichnis

1 Einleitung und Fragestellung

1.1 Kurze Einführung in die Geschichte der Lokalanästhesie

In ihrer etwa 100jährigen Geschichte haben sich die Verfahren der Lokal- und Regionalanästhesie einen festen Platz im klinischen und außerklinischen Bereich gesichert. Sie werden bei operativen Eingriffen, therapeutischen Leitungsblockaden sowie zur Schmerztherapie eingesetzt.

Nach heutigem Wissensstand bewirken Lokalanästhetika durch reversible Blockade des Natriumeinstroms an erregbaren Membranen eine „Membranstabilisierung". Die Substanzen werden daher auch als Natriumkanalblocker oder Natriumantagonisten bezeichnet. Sie verhindern die Entstehung des Aktionspotentials, das für die Erregungsleitung notwendig ist.

Die historische Entwicklung begann mit der Beschreibung der lokalanästhetischen Eigenschaften des Kokains durch Koller 1884 [115]. Die Leitungsanästhesie wurde 1885 von Halsted, die Infiltrationsanästhesie 1892 von Schleich eingeführt [3]. Bier [14] berichtete 1899 über seine Untersuchungen zur Spinalanästhesie, die er gemeinsam mit Hildebrand durchgeführt hatte. Gleichfalls von Bier stammte die Erstbeschreibung der i.v. Regionalanästhesie aus dem Jahre 1908 [15]. Verfahren zur Blockade des Plexus brachialis wurden 1911 von Hirschel [91] und Kulenkampff [120] sowie u.a. 1970 von Winnie [220] angegeben. Von 1920 datiert die klinische Etablierung der Periduralanästhesie durch Pagés.

Parallel mit der Einführung der genannten Techniken erfolgte die Entwicklung neuer Lokalanästhetika. In den ersten Jahren standen ausschließlich Substanzen vom Estertyp wie Kokain, Procain und Tetracain zur Verfügung. Nach langjährigen Versuchen wurde 1948 mit Lidocain das erste Lokalanästhetikum vom Amidtyp am Markt etabliert, dem in den folgenden Jahren Mepivacain, Prilocain, Bupivacain und Etidocain folgten.

1.2 Nebenwirkungen von Lokalanästhetika
und anwendungsbedingte Komplikationen bei Lokalanästhesien

Die Lokalanästhetika vom Estertyp werden im Plasma rasch durch Esterasen gespalten [206]. Als Hauptmetabolit entsteht Paraaminobenzoesäure, die bei sensibilisierten Personen zu allergischen Reaktionen bis hin zum anaphylaktischen Schock führen kann. Die Lokalanästhetika vom Amidtyp werden hauptsächlich durch mikrosomale Enzyme der Leber metabolisiert. Sie verursachen kaum noch allergische Zwischenfälle [50].

Alle Verbindungen können darüber hinaus Nebenwirkungen auslösen, die durch die prinzipiell gleichartige Wirkung der Lokalanästhetika an erregbaren Membranen (Myokard, ZNS, glatte Gefäßmuskulatur) zu erklären sind [168, 218]. Art und Ausmaß dieser Nebenwirkungen sind, von der versehentlichen intravasalen Injektion einmal abgesehen, in erster Linie von den resorptionsbedingten Plasmaspiegeln abhängig. Diese stehen nicht nur mit der applizierten Dosis, sondern auch mit dem spezifischen Lokalanästhetikum [174] sowie mit der jeweils angewendeten Technik in Zusammenhang [38, 140, 208]. Neben der persönlichen Disposition des Patienten sind auch Wechselwirkungen mit anderen Medikamenten zu beachten [26, 108, 153].

Die depressorische Wirkung am Herzen führt zu einer Störung der Erregungsausbreitung sowie zu einer Verminderung der Kontraktionskraft. Es kann zur Bradykardie, zum totalen atrioventrikulären Block und zur Asystolie kommen [6, 167]. Zusätzlich wird das kardiovaskuläre System durch die vasodilatierenden Eigenschaften der Lokalanästhetika negativ beeinflußt [7].

Am ZNS imponiert dagegen durch die Hemmung inhibitorischer Neurone eine exzitatorische Wirkung, die zu Unruhe, Tremor sowie klonischen Krämpfen führen kann. Bei exzessiver Dosisüberschreitung kommt es letztlich zu einer Depression zentralnervöser Strukturen mit Atemstillstand [185].

Klinisch wird eine meist schwere Sofortreaktion von einer Spätreaktion unterschieden. Ursächlich kommen absolute oder relative Dosisüberschreitungen sowie die versehentliche intravasale Injektion in Betracht. Diese stellt die häufigste anwendungsbedingte Komplikation dar, die auch bei Beachtung aller Vorsichtsmaßnahmen nicht mit letzter Sicherheit zu vermeiden ist.

Der Zusatz von Adrenalin oder Ornipressin zu Lokalanästhesielösungen soll durch eine Vasokonstriktion am Applikationsort die Resorption der Lösung verzögern. Damit wird sowohl ein längeres Verweilen mit gesteigerter Wirkdauer [68, 163] als auch eine Verminderung der resorptionsbedingten Plasmaspiegel angestrebt [11, 27, 186, 199, 208]. Weiterhin ermöglicht der Zusatz von Vasokonstriktiva das Arbeiten in einem relativ blutarmen Operationsfeld.

Adrenalin wird häufig als Zusatz in Lösungen zur Lokalanästhesie verwendet. Die Substanz ist nicht nur vasokonstriktorisch wirksam; sie verfügt durch positiv chronotrope, bathmotrope, dromotrope und inotrope Einflüsse am Herzen sowie durch eine zentral stimulierende Wirkung über ein erhebliches Nebenwirkungspotential. Resorptionsbedingt kann es neben Unruhe und Angstgefühlen zu Schweißausbruch und Tachykardien kommen, die in Arrhythmien und Kammerflimmern übergehen können. Die toxischen Effekte der Lokalanästhetika am ZNS können durch Adrenalin verstärkt werden, während am kardiovaskulären System zumindest ein partieller Antagonismus besteht [96, 106].

Die Verwendung von adrenalinhaltigen Lokalanästhesielösungen in Kombination mit Allgemeinanästhesien ist besonders bei Operationen im Bereich der Hals-Nasen-Ohren-Heilkunde, der Neurochirurgie, der Zahn-Mund-Kiefer- und Gesichtschirurgie sowie der plastischen Chirurgie erwünscht. Auf die Anwendung volatiler Anästhetika, insbesondere Halothan, muß dann jedoch weitgehend verzichtet werden. Die unerwünschten kardialen Effekte von Adrenalin und die der volatilen Anästhetika können sich bedrohlich verstärken [101, 104, 105]. Volatile Anästhetika begünstigen das Auftreten von Arrhythmien durch eine Verkürzung der Refraktärzeit und führen zu einer Sensibilisierung des Myokards gegenüber entsprechenden Einflüssen. Diese Kombinationsbeschränkung wirkt sich im klinischen Bereich nachteilig aus, da Inhalationsanästhesien mit volatilen Anästhetika nach wie vor die häufigste Anästhesieform darstellen.

1.3 Anwendungsbeschränkungen lokalanästhetischer Techniken

Die Anwendung von Lokalanästhetika unterliegt daher Beschränkungen bei

- Patienten mit vorbestehenden Erkrankungen des Herz-Kreislauf-Systems, insbesondere bei Einsatz großer Volumina oder Zusatz von Adrenalin,
- Patienten mit Hyperthyreose und selteneren endokrinen Störungen (Phäochromozytom, Karzinoid) bei Verwendung adrenalinhaltiger Lösungen,
- Patienten mit bekannter Krampfneigung,
- Kombinationen mit volatilen Anästhetika unter Verwendung adrenalinhaltiger Lösungen.

Darüber hinaus sollten Lokalanästhesien bei unkooperativen oder ängstlichen Patienten nicht durchgeführt werden, dazu zählen in der Regel auch Kinder. Diese Anwendungsbeschränkungen im weiteren Sinne stehen mit den pharmakologischen Eigenschaften der Lokalanästhetika jedoch nicht in direktem Zusammenhang.

1.4 Dextran als Zusatz in Lokalanästhesielösungen

Der Einfluß eines Dextranzusatzes auf die Wirkdauer einer Lokalanästhesie ist seit der 1960 erschienenen Arbeit von Loder [129] umstritten. Er hatte mitgeteilt, daß zur postoperativen Schmerzausschaltung verwendete Lidocainlösungen in ihrer Wirkdauer einmal durch den Zusatz von Adrenalin 1:250000, darüber hinaus aber auch durch den Zusatz von Dextran 10% verstärkt würden. Dabei sei der Zusatz von Dextran wirksamer als der alleinige Adrenalinanteil. Bei kombinierter Verwendung dieser Substanzen werde ein additiver Effekt erzielt. Loder führte seine Untersuchungen an 41 abdominal- und thoraxchirurgischen Patienten sowie 7 Patienten mit Hämorrhoidenoperationen durch. Er bediente sich der „pin-prick-Methode" zur Feststellung der Analgesiedauer. In einer weiteren Arbeit berichtete er über Erfahrungen an mehr als 300 Patienten nach Thorakotomien [130]. Als Wirkungskriterium legte er den postoperativen Analgetikabedarf zugrunde.

Im deutschen Sprachraum berichteten 1967 Nolte et al. [156] über positive Auswirkungen eines Dextranzusatzes auf die Wirkdauer verschiedener Mepivacainlösungen für Ulnarisblockaden. Die Autoren untersuchten 12 Versuchspersonen und wiesen gleichzeitig auf ältere klinische Mitteilungen von May 1951 [139], Dahn 1954 [53] sowie Hohmann 1954 [94] und 1956 [95] hin.

Die Diskussion des Themas blieb in der Folge auf den wirkungsverlängernden Aspekt des Dextranzusatzes beschränkt. Die unterschiedlichsten Kombinationen von Lokalanästhetika mit verschiedenen Dextranzusätzen wurden geprüft. Die Ergebnisse waren uneinheitlich. Insbesondere konnte keine Einigkeit über die Ursache einer etwaigen Wirkungsverlängerung erzielt werden. Die diesbezüglichen Hypothesen gingen meist von der Ausbildung makromolekularer Komplexe zwischen dem Lokalanästhetikum und Dextran aus.

Ueda et al. [211] wiesen 1985 erstmals nach, daß durch den Zusatz von Dextran zu einer adrenalinhaltigen Lidocainlösung die Resorption des Adrenalinanteils signifikant verzögert wurde. Lidocain wiederum hatte die Adrenalinresorption verstärkt [210]. Unter Vernachlässigung einer etwaigen Wirkungsverlängerung lenkten die Autoren damit die Aufmerksamkeit auf den pharmakokinetischen Aspekt der Resorptionsverzögerung von Adrenalin. Untersuchungen zur Resorptionskinetik des Lokalanästhetikums wurden jedoch von Ueda et al. nicht durchgeführt und sind auch bisher in der Literatur nicht bekannt.

1.5 Fragestellung

Der vorliegenden Untersuchung lagen daher folgende Fragestellungen zugrunde:

1) Führt der Zusatz unterschiedlicher kolloidaler Substanzen zu lokalanästhetischen Lösungen zur protrahierten Resorption des Lokalanästhetikums sowie eines etwaigen Adrenalinanteils?
2) Können die ggf. niedrigeren Plasmaspiegel als potentiell weniger toxisch gelten?
3) Welcher Wirkmechanismus liegt den vermuteten resorptionsverzögernden Eigenschaften des Kolloidzusatzes zugrunde?
4) Läßt sich ein etwaiger Effekt bei Anwendung unterschiedlicher Techniken und Lokalanästhetika nachweisen?

2 Methodik

2.1 Allgemeines

Der methodische Ansatz umfaßte neben In-vitro-Untersuchungen zur Beschreibung der substanzspezifischen Eigenschaften sowohl Tierversuche zur Klärung des Wirkmechanismus als auch Studien an Probanden und Patienten, die zu unmittelbaren klinischen Schlußfolgerungen führen sollten.

In die Untersuchung wurden die 4 klinisch verbreitetsten Lokalanästhetika Lidocain, Mepivacain, Prilocain und Bupivacain sowie 2 pharmakologisch vergleichbare kolloidale Substanzen aufgenommen (Tabelle 1). Bei den Kolloiden handelte es sich um 6% Dextran 60 (MG 60000) und 10% HES 200/0,5 (Hydroxyethylstärke). Die pharmakologischen Kenndaten der Kolloide gehen aus Tabelle 2 hervor.

2.2 Allgemeine Labormethoden

2.2.1 pH-Wert

Die ph-Werte der eingesetzten Substanzen wurden elektrometrisch mit einem Präzisions-pH-Meter gemessen (Digital ph-Meter CG 822 der Firma Schott, pH-Einstab-Meßkette, Glaselektrode mit Kaliumchloridfüllung 3,5 mol/l). Zur Eichung wurden Pufferlösungen mit pH-Werten von 6,87 und 4,01 verwendet.

2.2.2 Viskosität

Die relative Viskosität der gebrauchsfertigen Lösungen zur Lokalanästhesie wurde in einem Viskosimeter bei 37°C im Vergleich mit Aqua bidest. ermittelt [143]. Mit einer Handstoppuhr (Genauigkeit 1/10 s) wurde die Zeit bestimmt, die eine Kugel in einer mit der zu untersuchenden Flüssigkeit gefüllten Kapillare benötigte, um eine bestimmte Strecke zu durchlaufen. Die Kapillare (100 µl-Mikropipette) war um 10° zur Horizontalen geneigt, die verwendete Kugel hatte einen Durchmesser von 0,025 Inch. Alle Bestimmungen erfolgten 3fach. Die relative Viskosität von Aqua bidest. ist 1, Blut hat einen Wert von etwa 4,5.

Tabelle 1. Verzeichnis der verwendeten Substanzen und Abkürzungen

Substanz	Abkürzung
Isotonische Kochsalzlösung 0,9%, Fresenius AG	NaCl
Plasmafusin 60 (6% Dextran 60 mit 0,9% Kochsalz), Pfrimmer u. Co.	Dextran A
Onkovertin 6% Infusionslösung (6% Dextran 60 mit 0,9% Kochsalz), Braun Melsungen AG	Dextran B
HAES-steril 10% (10% Hydroxyethylstärke [HES 200/0,5] in isotonischer Kochsalzlösung), Fresenius AG	HES
Xylocain 2% (Lidocain 2%), Astra Chemicals	Lidocain 2%
Xylocain 2% Spezial mit Adrenalin 1:50000, Astra Chemicals	Lid./Adr.
Scandicain 1% (Mepivacain 1%), Astra Chemicals	Mepivacain 1%
Meaverin 2% (Mepivacain 2%), Woelm Pharma	Mepivacain 2%
Xylonest 2% (Prilocain 2%), Astra Chemicals	Prilocain 2%
Carbostesin 0,75% (Bupivacin 0,75%), Astra Chemicals	Bupivacain 0,75%
Bupivacain 1,5%, Apotheke des Klinikums der Justus-Liebig-Universität	Bupivacain 1,5%

Tabelle 2. Wichtigste pharmakologische Kenndaten der untersuchten Kolloide. Alle Werte nach Herstellerangaben sowie nach Ring u. Messmer 1977 [171] und Lutz 1986 [137]

Parameter	6% Dextran 60 Dextran A/B	10% HES 200/0,5
Substitutionsgrad	–	0,5. 10 Glukoseeinheiten tragen durchschnittlich 5 Hydroxyethylgruppen, vorwiegend in Position C 2
Molekulargewicht, Gewichtsmittel (Mw)	64300/64700	20000
Molekulargewicht, Zahlenmittel (Mn)	30800/30500	35000
Molekulargewicht, Verteilung:		
– Spitzenfraktion (10%)	> 110000	> 400000
– Bodenfraktion (10%)	< 20000	< 8000
Initialer Volumeneffekt	120–125%	120–140%
Effektive Volumenwirkdauer	4–6 h	3–4 h
Eliminationshalbwertzeit	6 h	3 h
Metabolisierung	Abbau durch Dextranasen	Hydrolyse durch Serum-α-Amylasen
Nierenschwelle, Molekulargewicht	50000, lineares Molekül	70000–100000, globuläres Molekül
Eliminationsorgane	Niere (64%) als CO_2 in der Atemluft (26%) Fäzes (2%) RES (Spuren)	Niere RES (Spuren)
Restmetabolisierung	CO_2 und H_2O	durch 1,4-Glukosidasen zu substituierten Glukosemolekülen

2.2.3 Onkotischer Druck

Der onkotische Druck der gebrauchsfertigen Lösungen zur Lokalanästhesie wurde im Onkometer BMT 921 der Firma Thomae durch Dreifachmessung festgestellt. Als Referenzlösung diente NaCl 0,9%. Die verwendete Membran hatte eine Ausschlußgrenze von MG 20000.

2.2.4 Osmolarität

Die Bestimmung der Osmolarität der gebrauchsfertigen Lösungen zur Lokalanästhesie erfolgte durch Dreifachmessung im Mikroosmometer der Firma Roebling mit Hilfe der Gefrierpunkterniedrigung. Die Gefrierpunkterniedrigung im Vergleich zum Gefrierpunkt reinen Wassers diente als direktes Maß für die osmotische Konzentration.

2.2.5 Ultrafiltration

Die Bildung makromolekularer Komplexe zwischen den eingesetzten Lokalanästhetika (und Adrenalin) sowie den jeweiligen kolloidalen Substanzen sollte mit Hilfe der Ultrafiltration [121, 193] überprüft werden. Eine in einen Träger genau passend eingesetzte Membran diente als Filter. Das verwendete Amicon Mikrotrennsystem MPS-1 mit DIAFLO-Membranen Typ YM-10 hatte eine Ausschlußgrenze von MG 10000.

Je 1 ml der gebrauchsfertigen Lösungen zur Lokalanästhesie wurden in den Träger eingesetzt; die anschließende Filtration der Flüssigkeiten erfolgte durch Zentrifugation bei 2000 UpM über einen Zeitraum von 10 bis 40 min. Zur Lokalanästhetika- bzw. Adrenalinbestimmung mit Hochdruckflüssigkeitschromatographie („high pressure liquid chromatography", HPLC) wurde das Ultrafiltrat 1:1000 verdünnt und ohne weitere Aufbereitung auf die Säule aufgegeben. Die Verdünnungen zur Adrenalinbestimmung erfolgten aus Stabilitätsgründen in 0,1 n Essigsäure. Die Ergebnisse wurden auf den ursprünglichen Konzentrationsbereich zurückgerechnet. Alle Messungen erfolgten 3fach.

2.2.6 Duramodell

Die Untersuchungen dienten dem Zweck, einen etwaigen Einfluß der eingesetzten Kolloide auf Diffusionsvorgänge im Bereich der Dura mater in vitro nachzuweisen [146, 149]. Es wurden folgende Lösungen eingesetzt:

- Bupivacain 0,75%,
- Bupivacain 1,5% mit Dextran B 1:1,
- Bupivacain 1,5% mit HES 1:1.

25 ml der zu untersuchenden Lösung wurden in einen Glaszylinder eingefüllt, dessen unteres Ende mit Leichendura verschlossen war (Abb. 1). Der Zylinder

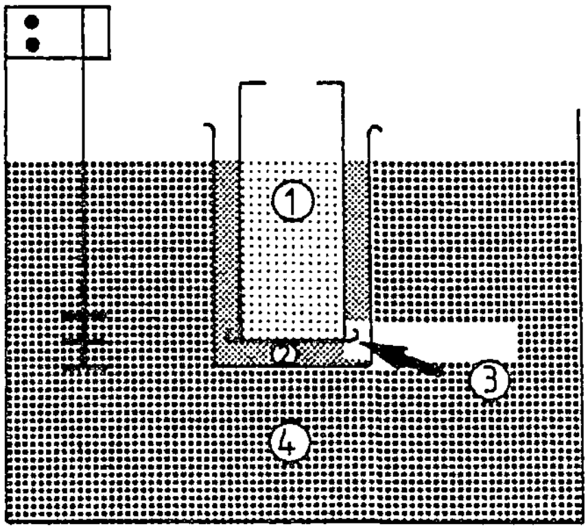

Abb. 1. Duramodell, schematischer Aufbau.
1: Innenansatz, artefizieller Periduralraum,
2: Außenansatz, intrathekales Kompartiment,
3: Leichendura, *4:* temperiertes Wasserbad.
(Mod. nach [146])

wurde in ein Becherglas eingelassen, das 25 ml Ringer-Lösung enthielt. Sowohl zu Beginn der Messung als auch nach jeder Entnahme wurden die Flüssigkeitsspiegel auf gleiche Höhe gebracht. Das ganze System befand sich in einem auf 37°C temperierten Wasserbad und war temperaturkonstant. Der mit Lokalanästhetikum gefüllte, von Dura begrenzte Zylinder (Innenansatz) bildete somit den artefiziellen Periduralraum, während das Becherglas mit Ringer-Lösung (Außenansatz) das intrathekale Kompartiment darstellte. Alle Versuche wurden im Dreifachansatz durchgeführt.

Zu folgenden Zeitpunkten wurden zeitgleich Proben aus beiden Kompartimenten entnommen (ein- bzw. 2mal 1,1 ml):

- E_1: Nullwert,
- E_2: 5 min nach Inkubation,
- E_3: 15 min nach Inkubation,
- E_4: 30 min nach Inkubation,
- E_5: 45 min nach Inkubation,
- E_6: 60 min nach Inkubation.

Durch Bestimmung des Nullwerts sollte eine Kontamination der Dura mit Bupivacain oder Kolloiden ausgeschlossen werden.

Für die Versuchsreihen unter Einsatz von Dextran oder HES wurde der Kolloidnachweis im Innen- bzw. Außenansatz nach der Anthronmethode vorgenommen [71]. Die 3fach durchgeführten Analysen (Laboratoriumsbericht Nr. S 5/87 der Firma Braun, Melsungen) erfolgten unter Verwendung von 0,8 g Anthron und 500,0 g Schwefelsäure 98% durch Erhitzung von 1 ml der Probe mit 2 ml Reagenz auf 90°C über 15 min in einem Wasserbad. Nach dem Abkühlen der Probe wurde die Extinktion bei 625 nm gegen den Leerwert gemessen. Die untere Nachweisgrenze lag bei 10 ppm, die relative Standardabweichung betrug etwa 3,5%. Die Bupivacainbestimmungen im Innen- und Außenansatz erfolgten mittels Hochdruckflüssigkeitschromatographie (HPLC).

2.3 Bestimmung der Lokalanästhetika

2.3.1 Bestimmungen mit Gaschromatographie

Die Lidocainspiegel der Patienten mit Infiltrationsanästhesie wurden mit Hilfe der Gaschromatographie (GC) bestimmt. Dieses Verfahren war bereits bei einer Pilotstudie eingesetzt worden, ein Wechsel der Methode während der laufenden Untersuchung sollte vermieden werden.

Zur Lidocainbestimmung [17] wurden 5 ml Blut aus einem zentralen Venenkatheter in Heparinröhrchen entnommen. Nach Separation des Plasmas durch Zentrifugieren bei 5000 UpM wurden 2 ml der Probe 2,5 µg Bupivacain als interner Standard zugesetzt. Nach Alkalisierung mit 2 ml 0,5 n Natronlauge erfolgte die Extraktion durch Ausschütteln in 4 ml Diethylether. Der organische Extrakt wurde nach erneuter Zentrifugation eingedampft, nach vollständiger Trocknung wieder in 50 µl Diethylether gelöst und 2 µl zur quantitativen Analyse in den Gaschromatographen Perkin Elmer SIGMA 3b eingespritzt.

Die verwendete Säule hatte folgende Kenndaten: Länge 1,8 m, Innendurchmesser 2 mm, 3% „OV 101" auf Gaschrom Q, 80–100 mesh. Die Injektor- sowie die Detektortemperatur betrugen 265°C, die Temperatur des Ofens 245°C. Es fanden Stickstoff als Trägergas sowie Wasserstoff und synthetische Luft als Brenngase Verwendung. Die Ergebnisse wurden durch einen Kompensationsschreiber mit variabler Verstärkung aufgezeichnet und nach der Peakhöhenrelation ausgewertet. Die laborinternen Variationskoeffizienten lagen unter 5%, die Wiederfindungsraten über 90%. Mit Hilfe der Eichkurve konnte ein linearer Zusammenhang der Peakhöhenrelation von Lidocain und Bupivacain bis zu einem Konzentrationsbereich von 4 µg/ml nachgewiesen werden.

2.3.2 Bestimmungen mit Hochdruckflüssigkeitschromatographie

Für die vorliegende Untersuchung war ein hohes Probenaufkommen zur Bestimmung von Lokalanästhetika zu erwarten, das mit der in der Abteilung etablierten gaschromatographischen Methode personell nicht zu bewältigen war. Aus diesem Grund wurden eine flüssigkeitschromatographische Methode mit UV-Detektion (HPLC/UV) entwickelt, die bei nur geringen methodischen Modifikationen die rationelle Bestimmung der klinisch etablierten Lokalanästhetika Lidocain, Mepivacain, Prilocain, Bupivacain und Etidocain erlaubte.

Es kam eine HPLC-Anlage der Firma Millipore-Waters zum Einsatz, die aus folgenden Einzelkomponenten bestand:

- Pumpe M-45,
- automatisches Probenaufgabegerät WISP MODEL 712,
- UV-Detektor Lambda-Max Model 481 LC Spectrophotometer,
- programmierbares Auswertegerät Waters 740 Data Module.

Bei einer Flußrate von 1 ml/min wurde zur Auftrennung der Lokalanästhetika eine Waters-Säule µ-Bondapak C_{18} (300 × 3,9 mm) für Umkehrphasenchromatographie benutzt. Unter diesen Bedingungen war der Ausgangsdruck in der Anlage etwa 900 psi, der sich mit zunehmender Alterung und Beladung der Säule laufend erhöhte. Die UV-Detektion erfolgte bei einer Wellenlänge von 210 nm. Nach eingehenden Vorversuchen wurde als Eluent (Laufmittel) eine Mischung von 3% Acetonitril und 70% 0,05 m Na-Phosphatpuffer (Na_2HPO_4) verwendet. Die Bestimmungen von Lidocain, Mepivacain und Prilocain erfolgten nach vorheriger Einstellung des Puffers auf einen pH-Wert von 5,8. Zum Nachweis von Bupivacain und Etidocain war der Puffer zuvor auf einen pH-Wert von 3,5 eingestellt worden. Vor der Benutzung wurde der Eluent über einen 0,45-µm-Filter entgast. Ein Probenlauf dauerte etwa 15 min.

Auch die Blutproben zur Lokalanästhetikabestimmung mit HPLC/UV wurden zentralvenös in Heparin entnommen, das Plasma anschließend bei 4000 UpM separiert und bis zur endgültigen Aufarbeitung eingefroren. Die Probenaufbereitung umfaßte folgende Teilschritte:

- Zusatz von 1 µg (= 100 µl) internem Standard zu 1 ml Plasma;
- Alkalisierung mit 1 ml 1 n Natronlauge auf pH 11;
- Extraktion mit 5 ml Diethylether;
- Zentrifugation, Ausfrieren und Verwerfen des Plasmas;
- Gegenextraktion durch Zusatz von 250 µl 0,05 n Schwefelsäure;
- Ausschütteln und Zentrifugation;
- Ausfrieren und Verwerfen des Diethylethers,
- erneute Zentrifugation und Eindampfen der Diethyletherreste.

Nach dieser Aufarbeitung war die Probe auf ein Volumen von 250 µl eingeengt. Auf die Säule wurden 50 µl aufgegeben. Alle Plasmaproben enthielten einheitlich 1 µg internen Standard (100 µl). Als interner Standard zur Mepivacain- und Prilocainbestimmung wurde Lidocain benutzt, zum Lidocainnachweis umgekehrt Prilocain. Die Bupivacainbestimmungen erfolgten unter Zusatz von Etidocain als internem Standard. Die zur externen Kalibrierung der Anlage eingesetzten Lösungen enthielten ebenfalls 1 µg der nachzuweisenden Lokalanästhetika in 100 µl. Zur Vermeidung von Adsorptionsvorgängen an Glasoberflächen wurden alle Standardlösungen in 0,5 n Schwefelsäure hergestellt. Die Auswertungen der Chromatogramme erfolgten einheitlich nach der Peakhöhenmethode.

Die für die einzelnen Substanzen erstellten Eichkurven ergaben im Bereich von 0,125 µg/ml bis 8,0 µg/ml einen linearen Zusammenhang zwischen der Peakhöhe des internen Standards und jener der gesuchten Substanz. Die Wiederfindungsraten lagen für alle Lokalanästhetika bei 90%, die Untersuchungen zur Präzision in der Serie ergaben Variationskoeffizienten unter 5%. Die Nachweisgrenzen lagen unter 30 ng/ml.

2.4 Katecholaminbestimmungen

Zur Katecholaminbestimmung mittels Hochdruckflüssigkeitschromatographie und elektrochemischer Detektion (HPLC/ECD) erfolgte die zentralvenöse Entnahme von 5 ml Blut in EDTA-Röhrchen [4]. Unter fortlaufender Eiskühlung wurde das Plasma innerhalb von 2 h in einer Kühlzentrifuge separiert und anschließend bei −25°C gelagert.

Die Weiterverarbeitung der Plasmaproben innerhalb von 2 Wochen umfaßte den Zusatz von 500 pg Dihydroxybenzylamin (DHBA) als internen Standard, die Adsorption an Aluminiumoxid in 2 m Tris-EDTA-Puffer pH 8,7, 3maliges Waschen in 2% Tris/EDTA pH 8,1 und die Desorption/Elution in Essigsäure unter Zusatz von Natriumdisulfit 10% und EDTA 5% als Stabilisatoren. Die 1-ml-Probe war danach auf ein Volumen von 100 µl eingeengt und in Säure mehrere Wochen tiefgekühlt lagerfähig.

Die eigentlichen Bestimmungen erfolgten mit einer in einem klimatisierten Raum bei 18°C untergebrachten HPLC-Anlage der Firma Millipore-Waters, die aus folgenden Komponenten bestand:

- Doppelkolbenpumpe M 510,
- Probenaufgabegerät WISP 710 B mit zusätzlicher Kühlung,
- elektrochemischer Detektor M 460,
- Auswertegerät Data Module M 730,
- Programmierbares Steuergerät PSC M 721.

Zur Trennung der Katecholamine wurde eine durch eine Vorsäule geschützte Säule „Resolve – C 18 Radial Pak" für Umkehrphasenchromatographie der Firma Recipe benutzt. Der verwendete Eluent hatte einen pH-Wert von 4,5 und bestand neben Wasser im wesentlichen aus Methanol, Na-Acetat, Zitronensäure und weiteren Zusätzen wie Oktansulfonsäure zur Verbesserung der Trennung auf der Säule.

Die Messungen erfolgten im 0,5-nA-Bereich des Detektors durch elektrochemische Oxidation eines geringen Teils der Katecholamine (etwa 5%). Der Hintergrundstrom betrug je nach Raumtemperatur und Alterung des zirkulierenden Eluenten 0,3–1,25 nA. Die jeweiligen Druckwerte in der Anlage waren von der zunehmenden Beladung von Säule und Vorsäule abhängig, sie lagen zwischen 900 und 2000 psi bei einer Flußrate von 1 ml/min. Ein Probenlauf dauerte 15–20 min. Die Auswertungen in pg/ml erfolgten nach der Peakhöhenmethode.

Bei einer Wiederfindungsrate von etwa 75%, berechnet über den internen Standard, betrug die untere Nachweisgrenze für Adrenalin und Noradrenalin 3–4 pg/ml. Die Präzision in der Serie konnte wie folgt charakterisiert werden:

- Die Zehnfachbestimmung aus wässriger Standardlösung (500 pg/ml Noradrenalin, 300 pg/ml Adrenalin und Dopamin) ergab bei Standardabweichungen von 15, 11 bzw. 16 pg/ml Variationskoeffizienten von 3,0 sowie 3,5 und 5,4%.
- Fünffachbestimmungen aus gepooltem Plasma erbrachten bei Noradrenalinkonzentrationen von 357 pg/ml, Adrenalinkonzentrationen von 53 pg/ml und Dopaminkonzentrationen von 26 pg/ml Standardabweichungen von 18 sowie 4 bzw. 3 pg/ml. Dies entsprach Variationskoeffizienten von 5,0 sowie 7,2 und 13,4%.

Als Normalbereiche wacher, unprämedizierter Patienten galten für Noradrenalin 185–275 pg/ml und für Adrenalin 40–120 pg/ml.

2.5 Tierversuche

2.5.1 Untersuchungen am Modell des Rattenpfotenvolumens

Untersuchungen am Modell des Rattenpfotenödems haben als pharmakologische Standardmethode zur Prüfung von Antiphlogistika weite Verbreitung gefunden [62, 75, 90, 221]. Die Methode wurde geringfügig modifiziert, um exakte Volumenbestimmungen der mit oder ohne Kolloidzusatz gesetzten Lokalanästhetikadepots zu erlauben.

Dextran ist für Ratten toxisch und führt zur Bildung entzündlicher Ödeme [83]. Es wurden daher Tiere eines dextraninsensitiven Stammes beschafft, zusätzlich erfolgte eine Vortestung mit Dextran. Es handelte sich um Whistarratten, Zuchtstamm Furth, vom Zentralinstitut für Versuchstierzucht in Hannover. Die Versuche waren vom Regierungspräsidenten in Gießen mit Schreiben vom 16. Juli 1987 genehmigt worden (AZ 17b–19c 20-15 [1]-GI 54/22).

Es wurden 2 Gruppen von je 10 Tieren untersucht, die jeweils die eigene Kontrolle bildeten. Der Versuchsplan ordnete die Tiere den Gruppen nach Gewicht, Geschlecht und zu untersuchender Seite randomisiert zu. Die Volumenbestimmungen erfolgten durch Verdrängungsmessung mit Hilfe einer Präszisionswaage auf 10 mg bzw. 10 µl genau. Dazu wurden die Hinterpfoten bis zu einer zuvor gesetzten Markierung in Waser eingetaucht. Während der Untersuchung befanden sich die Tiere in Äthernarkose. Folgende Lösungen kamen zur Anwendung:

- Lidocain 2%, 1:1 verdünnt in NaCl 0,9%,
- Lidocain 2%, 1:1 verdünnt in Dextran B,
- Lidocain 2%, 1:1 verdünnt in HES.

Die Substanzen wurden mit Hilfe einer Insulinspritze (Omnifix 1 ml) und einer feinen Kanüle (26 G·½, 0,45·12 mm) in die beiden Hinterpfoten injiziert. Die Tiere der Dextrangruppe erhielten je 100 µl mit/ohne Zusatz von Dextran, die der HES-Gruppe je 100 µl mit/ohne Zusatz von HES. Die Volumina der Seiten ohne Koloid dienten als Kontrollen. Die eingesetzten Mengen entsprachen bei einem durchschnittlichen Tiergewicht von 250 g einer Dosis von 2 × 30 ml für einen Menschen von 75 kg KG.

Alle Messungen wurden 3fach zu folgenden Zeitpunkten vorgenommen:

- vor Injektion,
- unmittelbar nach der Injektion,
-   5 min nach Injektion,
-   10 min nach Injektion,
-   20 min nach Injektion,
-   30 min nach Injektion,
-   45 min nach Injektion,
-   60 min nach Injektion,
-   90 min nach Injektion,
-   120 min nach Injektion.

2.5.2 Lidocainplasmaspiegel

Nach Abschluß der Volumenbestimmungen und nach Ablauf etwa einer Woche konnten 15 Tiere erneut untersucht werden, um neben den Volumenveränderungen mit und ohne Kolloid zusätzlich die Plasmaspiegel für Lidocain zu bestimmen. Auf diese Weise sollten die gefundenen Volumenveränderungen mit dem eigentlichen Resorptionsverhalten in Relation gesetzt werden. Sieben Tier erhielten eine Injektion mit 100 µl Lidocain 2%, 1:1 verdünnt in NaCl 0,9%; acht Tiere eine Injektion mit 100 µl Lidocain 2%, 1:1 verdünnt in HES. Bis auf das Fehlen einer Kontrollinjektion am selben Tier war der Versuchsaufbau identisch mit den oben dargestellten Bedingungen, jedoch wurden die Volumenbestimmungen 10 min nach der Injektion beendet und den Tieren 2 ml Blut durch intrakardiale Punktion entnommen [191]. Die Bestimmung der Lidocainspiegel erfolgte durch Hochdruckflüssigkeitschromatographie.

2.5.3 Histologische Befunde

Histologische Untersuchungen wurden bei 2 Gruppen zu je 5 Tieren durchgeführt, um etwaige toxische Einflüsse der Kolloid-Zusätze auf das Nervengewebe zu überprüfen. Die Tiere erhielten eine beidseitige Blockade des N. ischiadicus unter Benutzung der oben dargestellten Injektionsmaterialien. Vom Hüftgelenk aus wurde die Kanüle subkutan nach lateral in Richtung des Kniegelenks vorgeschoben und anschließend ein Depot von 100 µl gesetzt. Der Erfolg der Nervenblockade wurde durch einen Laufversuch verifiziert.

Je 5 Tiere erhielten auf der einen Seite eine Blockade mit 100 µl Lidocain 2%, 1:1 verdünnt in NaCl 0,9%, die andere Seite wurde mit einer Lösung von 100 µl Lidocain 2%, 1:1 verdünnt in Dextran B (Dextrangruppe) oder HES (HES-Gruppe) behandelt. Die Seitenzuordnung erfolgte nach einem Randomisierungsplan. Nach Ablauf von 1, 3, 6, 10 bzw. 14 Tagen wurden die Tiere durch eine letale Ätherdosis geopfert, die Nn. ischiadici beidseits entnommen und in Formalin 4% fixiert. Die formalinfixierten Gewebsstücke wurden in 2 Portionen für Quer- und Längsschnitte in Paraffin eingebettet und nach Hämatoxylin-Eosin-Färbung bzw. Trichromfärbung nach Goldner lichtmikroskopisch untersucht. Die histologische Begutachtung erfolgte durch den Leiter des Instituts für Neuropathologie der Justus-Liebig-Universität Gießen, Prof. Dr. Schachenmayr. Die verwendeten Lösungen waren dem Untersucher nicht bekannt.

2.6 Untersuchungen an Probanden und Patienten

2.6.1 Allgemeines

Der Versuchsplan war nach eingehenden Beratungen mit Schreiben vom 21. Mai 1987 durch die Ethikkommission des Fachbereichs Humanmedizin der Justus-Liebig-Universität Gießen gebilligt worden.

Alle Patienten wurden über die beabsichtigten Maßnahmen aufgeklärt und gaben ihr Einverständnis. Die Untersuchungen an Probanden wurden dem Regierungspräsidenten in Darmstadt mit Schreiben vom 23. April 1987 angezeigt und die pharmakologisch-toxikologischen Unterlagen unter Nummer 3819/40 beim Bundesgesundheitsamt hinterlegt. Nach schriftlicher Aufklärung über Risiken und Versicherungsschutz willigten die Probanden in die Untersuchung ein.

Die Patienten/Probanden der Dextrangruppen erhielten vor der Lokalanästhesie eine i.v.-Injektion von 3 g Dextran 1 (Promit). Die Bestimmung der Anschlagzeiten und der Wirkdauer bei den einzelnen Verfahren erfolgte doppelblind [159]. Untersucher oder Patient waren über die gerade eingesetzte Substanz nicht unterrichtet, die Regionalanästhesie selbst wurde von einem Dritten durchgeführt.

2.6.2 Infiltrationsanästhesie

Es wurden 70 neurochirurgische Patienten der ASA-Gruppen I–III ohne schwere Vorerkrankungen des Herz-Kreislauf-Systems untersucht, bei denen eine Trepanation notwendig geworden war. Die vorgesehene Prämedikation bestand aus:

- Pethidin 1 mg/kg KG,
- Promethazin 0,5 mg/kg KG,
- Atropin 0,01 mg/kg KG (bis 0,5 mg).

Alle Patienten erhielten eine standardisierte, modifizierte Neuroleptanästhesie. Die Narkoseeinleitung erfolgte mit Thiopental in einer Dosis von 5 mg/kg KG, ersatzweise Midazolam 0,15 mg/kg KG. Nach Vorinjektion von 0,1 mg Fentanyl und Präkurarisierung mit einem nichtdepolarisierenden Relaxans (Vecuronium oder Pancuronium) wurde zur Intubation regelmäßig Succinylcholin in einer Dosis von 1 mg/kg KG benutzt. Die Weiterführung der Narkose erfolgte mit standardisierten Dosen von Fentanyl, Midazolam, Dehydrobenzperidol und Vecuronium oder Pancuronium. Alle Patienten wurden unter kontinuierlicher Kontrolle der endexspiratorischen CO_2-Konzentration kontrolliert mit Lachgas und Sauerstoff im Verhältnis von 1:1 bis 2:1 beatmet. Nach Einleitung der Narkose infiltrierte der Operateur die Kopfhaut im Bereich des Operationsfeldes mit jeweils 40 ml der zu untersuchenden Lösungen. Zur Vermeidung intravasaler Injektionen wurde besonderer Wert auf eine sorgfältige Injektionstechnik gelegt.

Der Randomisierungsplan sah folgende Gruppeneinteilung und Zuordnung der Lösungen vor:

- *Gruppe 1,* Lidocain 2% mit Adrenalin 1:50000, 1:1 verdünnt mit NaCl 0,9%,
- *Gruppe 2,* Lidocain 2% mit Adrenalin 1:50000, 1:1 verdünnt mit Dextran A,
- *Gruppe 3,* Lidocain 2% mit Adrenalin 1:50000, 1:1 verdünnt mit HES,
- *Gruppe 4,* Lidocain 2%, 1:1 verdünnt mit NaCl 0,9%,
- *Gruppe 5,* Lidocain 2%, 1:1 verdünnt mit Dextran A,
- *Gruppe 6,* Lidocain 2%, 1:1 verdünnt mit HES,
- *Gruppe 7,* Kontrollgruppe, NaCl 0,9%.

Die Entnahme der Blutproben zur Bestimmung von Lidocain, Adrenalin und Noradrenalin im Plasma geschah zu folgenden Zeitpunkten:

- E_1: unmittelbar vor Injektionsbeginn,
- E_2: 5 min nach Injektionsende,
- E_3: 10 min nach Injektionsende,
- E_4: 20 min nach Injektionsende,
- E_5: 30 min nach Injektionsende,
- E_6: 45 min nach Injektionsende,
- E_7: 60 min nach Injektionsende.

Gleichzeitig wurden der arterielle Mitteldruck und die Herzfrequenz auf dem Protokollbogen vermerkt.

2.6.3 Axilläre Plexusanästhesie

Es wurden 30 Patienten der ASA-Gruppen I–III untersucht, bei denen zur Durchführung eines orthopädischen Eingriffs eine axilläre Plexusanästhesie vorgesehen war. Die nach Randomisierungsplan in 3 Gruppen eingeteilten Patienten erhielten einheitlich 40 ml der folgenden Lösungen:

- *Gruppe 1:* Mepivacain 1%,
- *Gruppe 2:* Mepivacain 2%, 1:1 verdünnt mit Dextran A,
- *Gruppe 3:* Mepivacain 2%, 1:1 verdünnt mit HES.

Die Gefäß-Nerven-Scheide wurde mit einer Kunststoffverweilkanüle aufgesucht und die korrekte Lage mit Hilfe eines Nervenstimulators oder durch Austesten mit kalter Kochsalzlösung verifiziert. Das unbeabsichtigte Auslösen von Parästhesien galt ebenfalls als ausreichendes Kriterium.

Nach Applikation der Lösung zur Lokalanästhesie wurde das Einsetzen der Wirkung mittels „pin prick" (feiner Nadelstich mit Einmalkanüle Größe 16) in Abständen von etwa 1 min an folgenden Punkten überprüft:

- N. radialis → 1. Interdigitalraum dorsal,
- N. medianus → Zeigefingerkuppe,
- N. ulnaris → Kleinfingerkuppe.

Als Anschlagzeit war der Zeitraum bis zum Verlust des Schmerzempfindens an den genannten Prüfpunkten definiert. Es wurden nur die Patienten in die Studie aufgenommen, bei denen es zu einer vollständigen Ausbildung der Anästhesie in dem betreffenden Arm gekommen war.

Die Ermittlung der Wirkdauer erfolgte gleichsinnig bis zum Wiedereinsetzen des Schmerzempfindens auf „pin prick" am zeitlich ersten und letzten Prüfpunkt. Die Prüfung erfolgte postoperativ in Abständen von etwa 15 min. Ersatzweise diente die Notwendigkeit einer intraoperativen Nachinjektion als Kriterium der Wirkdauer.

Neben der Bestimmung von arteriellem Mitteldruck und Herzfrequenz wurden Blutproben zum Nachweis der Mepivacainspiegel zu folgenden Zeitpunkten entnommen:

- E_1 : vor Injektion, ohne Mepivacainspiegel,
- E_2 :   3 min nach Injektion,
- E_3 :   5 min nach Injektion,
- E_4 : 10 min nach Injektion,
- E_5 : 20 min nach Injektion,
- E_6 : 30 min nach Injektion,
- E_7 : 45 min nach Injektion,
- E_8 : 60 min nach Injektion,
- E_9 : 90 min nach Injektion,
- E_{10}: 120 min nach Injektion.

2.6.4 Intravenöse Regionalanästhesie

Die Untersuchungen erfolgten an 10 Probanden der ASA-Gruppe I, die sich in etwa einwöchigen Abständen einer i.v.-Regionalanästhesie des Armes mit 40 ml der folgenden Lösungen unterzogen:

- Prilocain 2%, 1:1 verdünnt mit NaCl 0,9%,
- Prilocain 2%, 1:1 verdünnt mit Dextran B,
- Prilocain 2%, 1:1 verdünnt mit HES.

Die Seitenwahl erfolgte nach einem Randomisierungsplan. Es wurde eine Kunststoffverweilkanüle im Bereich des Handrückens plaziert. Anschließend erfolgten das Auswickeln der Extremität, die Einstellung der körpernahen Kammer der pneumatischen Blutsperre auf einen Wert von 300 mmHg sowie die langsame Injektion der jeweiligen Substanz. Etwa 5 min nach Applikation der Lösung zur Lokalanästhesie wurde die Blutsperre auf die körperferne Kammer umgesetzt. Die Ischämiezeit betrug genau 30 min, danach erfolgte die einseitige Eröffnung und vollständige Entfernung der Blutsperre. Einsetzen und Abklingen der Anästhesie wurden durch „pin prick" in Abständen von 1 min an den gleichen Prüfpunkten, wie unter 2.6.3 beschrieben, bestimmt.

Als Meßzeitpunkte zur Prilocainbestimmung waren festgelegt:

- E_1 : Unmittelbar vor Eröffnen der Blutsperre,
- E_2 :   1 min nach Eröffnung,
- E_3 :   3 min nach Eröffnung,
- E_4 :   5 min nach Eröffnung,
- E_5 : 10 min nach Eröffnung,
- E_6 : 20 min nach Eröffnung,
- E_7 : 30 min nach Eröffnung,
- E_8 : 60 min nach Eröffnung,
- E_9 : 120 min nach Eröffnung,
- E_{10}: 180 min nach Eröffnung.

Zusätzlich wurden der arterielle Mitteldruck und die Herzfrequenz bestimmt. Die Methämoglobinkonzentrationen wurden zu den Zeitpunkten E 1 und E 4–10 gemessen (photometrische Methode, CO-Oximeter IL 282, Firma Instrumentation Laboratory). Die Prilocainbestimmungen vor Beginn der Wiederholungsuntersuchungen dienten dem Ausschluß etwa noch bestehender Restplasmaspiegel.

2.6.5 Periduralanästhesie

Die Untersuchungen erfolgten bei 30 Patienten der ASA-Gruppen I–III, bei denen zur Durchführung eines orthopädischen Eingriffs eine Periduralanästhesie vorgesehen war. Die Patienten wurden randomisiert folgenden Gruppen zugeteilt:

- *Gruppe 1:* Bupivacain 0,75%,
- *Gruppe 2:* Bupivacain 1,5%, 1:1 verdünnt mit Dextran B,
- *Gruppe 3:* Bupivacain 1,5%, 1:1 verdünnt mit HES.

Nach Hautinfiltration der in Höhe L 2/3 oder L 3/4 gelegenen Punktionsstelle mit 4 ml Bupivacain 0,25% wurde der Periduralraum nach der Widerstandsverlustmethode unter Benutzung von NaCl 0,9% aufgesucht. Nach Vorbringen des Periduralkatheters erhielten die Patienten eine einheitliche Testdosis von 2 ml der jeweiligen Lösung. Nach etwa 5 min erfolgte die Applikation der Wirkdosis von 1 ml pro 10 cm Körpergröße, maximal jedoch 16 ml.

Die Ausbildung der Anästhesie wurde durch Kältereiz und „pin prick" in Abständen von etwa 1 min ausgetestet. Als Anschlagzeit war das Verschwinden des Schmerzreizes auf „pin prick" an der Außenseite der Oberschenkel im mittleren Drittel im Bereich des Dermatoms L 3 definiert. Als Kriterien der Wirkdauer dienten neben der Notwendigkeit intraoperativer Nachinjektionen postoperative Kontrollen durch „pin prick" auf Schmerzfreiheit im genannten Segment in Abständen von etwa 15 min.

Die Bestimmungen des arteriellen Mitteldrucks und der Herzfrequenz sowie die Blutentnahme zum Nachweis der Plasmaspiegel von Bupivacain erfolgten zu den Zeitpunkten:

- E_1 : vor Injektion (ohne Bupivacainspiegel),
- E_2 :   3 min nach Injektion,
- E_3 :   5 min nach Injektion,
- E_4 : 10 min nach Injektion,
- E_5 : 20 min nach Injektion,
- E_6 : 30 min nach Injektion,
- E_7 : 45 min nach Injektion,
- E_8 : 60 min nach Injektion,
- E_9 : 90 min nach Injektion,
- E_{10}: 120 min nach Injektion.

2.7 Statistische Auswertung

Von allen gemessenen oder errechneten Parametern wurden die Mittel- und Medianwerte, die Standardabweichungen und die Standardabweichungen der Mittelwerte sowie die Minimum- und Maximumangaben bestimmt, ebenso die Toleranzintervalle zur Schätzung der Einzelwerte der Stichprobe. Nach entsprechender Prüfung auf Normalverteilung konnten für die Lokalanästhetika- und Katecholaminwerte der Patienten- und Probandenkollektive sowie die Anschlagzeiten der axillären Plexusanästhesie linksgipfelige Verteilungen zugrundegelegt werden. Die Werte wurden daher logarithmiert, zur beschreibenden Auswertung dienten die geometrischen Mittelwerte. Bei den übrigen Parametern wurde mit den Rohdaten gerechnet, zur Darstellung der Verläufe dienten die arithmetischen Mittelwerte. Die Auswertung der einmalig bestimmten Faktoren wie der biometrischen Daten sowie der Latenz- und Wirkzeiten erfolgte mittels einfacher Varianzanalyse unter Verwendung des χ^2-Testes bzw. des t-Testes für unabhängige Stichproben. Die Verläufe der hämodynamischen Parameter sowie der Plasmaspiegel wurden mittels 2 faktorieller Varianzanalyse mit Meßwiederholung auf einen Faktor bzw. 3 faktorieller Varianzanalyse mit Meßwiederholung auf 2 Faktoren untersucht. Kriterium für die Ablehnung oder Beibehaltung der getesteten Nullhypothese war die berechnete Wahrscheinlichkeit für den Fehler 1. Art. ($p < 0{,}05$).

3 Ergebnisse

3.1 Untersuchungen „in vitro"

3.1.1 pH-Wert

Die pH-Werte der verwendeten Einzelsubstanzen sowie der jeweils eingesetzten gebrauchsfertigen Lösungen zur Lokalanästhesie sind in Tabelle 3 aufgeführt. Der Zusatz der Kolloide hatte keinen wesentlichen Einfluß auf den pH-Wert.

Tabelle 3. pH-Werte der untersuchten Substanzen

Substanz	pH-Wert
NaCl	5,8
Dextran A	5,8
Dextran B	5,2
HES	4,6
Lidocain 2%	6,7
Lid./Adr.	3,7
Mepivacain 2%	6,5
Prilocain 2%	6,9
Bupivacain 1,5%	5,1
Lidocain 2% mit NaCl 1:1	6,8
Lidocain 2% mit Dextran A 1:1	6,8
Lidocain 2% mit HES 1:1	6,8
Lid./Adr. mit NaCl 1:1	3,8
Lid./Adr. mit Dextran A 1:1	3,9
Lid./Adr. mit HES 1:1	3,9
Mepivacain 1%	6,2
Mepivacain 2% mit Dextran B 1:1	6,6
Mepivacain 2% mit HES 1:1	6,6
Prilocain 2% mit NaCl 1:1	6,9
Prilocain 2% mit Dextran B 1:1	6,9
Prilocain 2% mit HES 1:1	6,9
Bupivacain 0,75%	5,4
Bupivacain 1,5% mit Dextran B 1:1	5,3
Bupivacain 1,5% mit HES 1:1	4,9

3.1.2 Viskosität

Die relative Viskosität (Tabelle 4) der eingesetzten Lösungen ohne Kolloidzusatz lag bei Werten um 1. Durch Zumischung von HES wurde die relative Viskosität stärker erhöht als durch den Zusatz von Dextran.

Tabelle 4. Relative Viskosität der verwendeten Lokalanästhesielösungen, Dreifachbestimmung und arithmetischer Mittelwert *(MD)*

Substanz	Zeit [s]	MD [s]	Relative Viskosität
Aqua bidest.	3,1/3,1/3,2	3,1	1,00
Lidocain 2% mit NaCl 1:1	3,2/3,2/3,2	3,2	1,03
Lidocain 2% mit Dextran A 1:1	6,0/6,0/5,6	5,9	1,90
Lidocain 2% mit HES 1:1	6,5/7,2/6,9	6,9	2,23
Lid./Adr. mit NaCl 1:1	3,1/3,2/3,1	3,1	1,00
Lid./Adr. mit Dextran A 1:1	5,8/5,7/5,9	5,8	1,87
Lid./Adr. mit HES 1:1	6,5/6,8/6,7	6,7	2,16
Mepivacain 1%	3,6/3,7/3,4	3,6	1,16
Mepivacain 2% mit Dextran B 1:1	6,8/6,3/6,6	6,6	2,13
Mepivacain 2% mit HES 1:1	7,3/7,3/6,9	7,2	2,32
Prilocain 2% mit NaCl 1:1	3,4/3,1/3,2	3,2	1,03
Prilocain 2% mit Dextran B 1:1	5,7/6,1/6,4	6,1	1,97
Prilocain 2% mit HES 1:1	7,7/7,7/7,9	7,8	2,52
Bupivacain 0,75%	3,3/3,4/3,3	3,3	1,06
Bupivacain 1,5% mit Dextran B 1:1	6,2/6,5/6,6	6,4	2,06
Bupivacain 1,5% mit HES 1:1	8,7/8,1/8,9	8,6	2,77

3.1.3 Onkotischer Druck

Der onkotische Druck (Tabelle 5) der mit Dextran versetzten Lösungen lag in allen Fällen über den Werten der Lösungen mit HES-Zusatz, die Lösungen ohne Kolloidzusatz wiesen Werte um Null auf.

Tabelle 5. Onkotischer Druck der verwendeten Lokalanästhesielösungen, Dreifachbestimmung und arithmetischer Mittelwert *(MD)*

Substanz	Onkotischer Druck [mm Hg]	MD [mm Hg]
Lidocain 2% mit NaCl 1:1	−0,3/−0,2/−0,2	−0,2
Lidocain 2% mit Dextran A 1:1	18,7/ 18,5/ 18,2	18,5
Lidocain 2% mit HES 1:1	15,2/ 14,7/ 14,7	14,9
Lid./Adr. mit NaCl 1:1	−0,4/−0,5/−0,6	−0,5 ·
Lid./Adr. mit Dextran A 1:1	16,9/ 17,0/ 16,7	16,9
Lid./Adr. mit HES 1:1	12,9/ 12,9/ 12,5	12,8
Mepivacain 1%	−0,4/−0,3/−0,4	−0,4
Mepivacain 2% mit Dextran B 1:1	16,8/ 16,8/ 17,0	16,9
Mepivacain 2% mit HES 1:1	15,4/ 15,4/ 15,4	15,4

Tabelle 5 (Fortsetzung)

Substanz	Onkotischer Druck [mm Hg]	MD [mm Hg]
Prilocain 2% mit NaCl 1:1	−0,2/ −0,3/ −0,4	−0,3
Prilocain 2% mit Dextran B 1:1	18,3/ 18,1/ 18,5	18,3
Prilocain 2% mit HES 1:1	15,3/ 14,5/ 14,8	14,9
Bupivacain 0,75%	−0,2/ −0,2/ −0,2	−0,2
Bupivacain 1,5% mit Dextran B 1:1	16,4/ 16,8/ 17,1	16,8
Bupivacain 1,5% mit HES 1:1	14,8/ 14,6/ 14,5	14,6

3.1.4 Osmolarität

Die Osmolarität (Tabelle 6) der eingesetzten Lösungen war durchgehend vergleichbar, alle Lösungen konnten als weitgehend isoosmolar bezeichnet werden.

Tabelle 6. Osmolarität der verwendeten Lokalanästhesielösungen, Dreifachbestimmung und arithmetischer Mittelwert *(MD)*

Substanz	Osmolarität [mosmol/l]	MD [mosmol/l]
Lidocain 2% mit NaCl 1:1	312/317/316	315
Lidocain 2% mit Dextran A 1:1	336/331/331	333
Lidocain 2% mit HES 1:1	336/344/337	339
Lid./Adr. mit NaCl 1:1	317/318/320	318
Lid./Adr. mit Dextran A 1:1	328/331/331	330
Lid./Adr. mit HES 1:1	338/340/342	340
Mepivacain 1%	328/325/325	326
Mepivacain 2% mit Dextran B 1:1	306/308/310	308
Mepivacain 2% mit HES 1:1	315/316/316	316
Prilocain 2% mit NaCl 1:1	320/322/321	321
Prilocain 2% mit Dextran B 1:1	333/335/334	334
Prilocain 2% mit HES 1:1	341/343/345	343
Bupivacain 0,75%	288/284/289	287
Bupivacain 1,5% mit Dextran B 1:1	296/299/295	297
Bupivacain 1,5% mit HES 1:1	312/312/308	311

3.1.5 Ultrafiltration

Die Ergebnisse der Ultrafiltration sind in den Tabellen 7 und 8 aufgeführt. Der Zusatz von Dextran oder HES hatte keinen Einfluß auf das Filtrationsergebnis.

Tabelle 7. Ergebnisse der Ultrafiltration mit Angabe der Konzentrationen der untersuchten Lokalanästhetika in der Stammlösung und im Ultrafiltrat. Dreifachbestimmung und arithmetischer Mittelwert *(MD)*

Substanz	Lokalanästhetikum Stammlösung [mg/ml]	MD
Lidocain 2% mit NaCl 1:1	10,62/10,32/10,35	10,43
Lidocain 2% mit Dextran A 1:1	11,40/10,80/10,95	11,05
Lidocain 2% mit HES 1:1	10,48/10,94/10,70	10,71
Lid./Adr. mit NaCl 1:1	9,60/ 9,83/ 9,79	9,74
Lid./Adr. mit Dextran A 1:1	10,17/10,03/ 9,50	9,90
Lid./Adr. mit HES 1:1	9,81/ 9,65/ 9,74	9,73
Mepivacain 1%	9,15/ 9,90/ 9,28	9,44
Mepivacain 2% mit Dextran B 1:1	9,22/ 9,36/ 9,48	9,35
Mepivacain 2% mit HES 1:1	9,01/ 9,70/ 9,88	9,53
Prilocain 2% mit NaCl 1:1	10,73/10,44/10,31	10,49
Prilocain 2% mit Dextran B 1:1	10,00/10,32/ 9,81	10,04
Prilocain 2% mit HES 1:1	10,96/10,41/10,62	10,66
Bupivacain 0,75%	7,60/ 7,98/ 8,04	7,87
Bupivacain 1,5% mit Dextran B 1:1	6,86/ 7,81/ 7,75	7,47
Bupivacain 1,5% mit HES 1:1	7,19/ 7,78/ 7,50	7,49
Substanz	Lokalanästhetikum Ultrafiltrat [mg/ml]	MD
Lidocain 2% mit NaCl 1:1	12,83/11,24/10,84	11,49
Lidocain 2% mit Dextran A 1:1	10,58/10,47/10,26	10,44
Lidocain 2% mit HES 1:1	9,98/ 9,43/10,03	9,81
Lid./Adr. mit NaCl 1:1	10,63/ 9,18/10,72	10,18
Lid./Adr. mit Dextran A 1:1	9,43/ 9,26/ 9,48	9,39
Lid./Adr. mit HES 1:1	9,25/ 9,02/ 9,72	9,33
Mepivacain 1%	9,22/ 8,98/ 9,07	9,09
Mepivacain 2% mit Dextran B 1:1	9,08/10,11/ 9,73	9,64
Mepivacain 2% mit HES 1:1	9,44/10,22/ 9,77	9,81
Prilocain 2% mit NaCl 1:1	10,15/10,93/10,44	10,51
Prilocain 2% mit Dextran B 1:1	11,05/11,10/11,09	11,08
Prilocain 2% mit HES 1:1	10,77/10,32/10,62	10,57
Bupivacain 0,75%	8,79/ 7,94/ 9,07	8,60
Bupivacain 1,5% mit Dextran B 1:1	8,35/ 8,88/ 7,54	8,26
Bupivacain 1,5% mit HES 1:1	7,42/ 7,24/ 8,18	7,61

Tabelle 8. Ergebnisse der Ultrafiltration mit Angabe der Adrenalinkonzentrationen in der Stammlösung und im Ultrafiltrat. Dreifachbestimmung und arithmetischer Mittelwert *(MD)*

Substanz	Adrenalin Stammlösung [ng/ml]	MD
Lid./Adr. mit NaCl 1:1	10901/ 9915/11856	10891
Lid./Adr. mit Dextran A 1:1	10092/10022/ 9702	9939
Lid./Adr. mit HES 1:1	11530/11308/10509	11116

Tabelle 8 (Fortsetzung)

Substanz	Adrenalin Ultrafiltrat [ng/ml]	MD
Lid./Adr. mit NaCl 1:1	12253/11906/11959	12039
Lid./Adr. mit Dextran A 1:1	10528/10359/10131	10339
Lid./Adr. mit HES 1:1	10253/10511/11441	10735

3.1.6 Duramodell

Entsprechend den 3 eingesetzten Bupivacainlösungen sind die Ergebnisse getrennt nach verwendeter Lösung, Bupivacainkonzentration im Innen- und Außenansatz sowie ggf. der Konzentration des Kolloids in den beiden Kompartimenten in den Tabellen 9, 10 und 11 wiedergegeben.

Tabelle 9. Ergebnisse der Bupivacainbestimmungen im Duramodell für Bupivacain 0,75% ohne Kolloidzusatz. Dreifachbestimmung und arithmetischer Mittelwert. *I* Innenansatz, Stammlösung vor der Durapassage; *A* Außenansatz, intrathekales Kompartiment nach der Durapassage

Entnahme/ Zeit [min]	Kolloid I [g/l]	Kolloid A [mg/l]	Bupivacain I [mg/ml]	Bupivacain A [µg/ml]
1/ 0	–	–	7,30/7,40/7,86	0,0/0,3/0,1
	–	–	7,52	0,1
2/ 5	–	–	7,34/7,75/7,08	19/ 16/ 18
	–	–	7,39	18
3/15	–	–	7,23/7,66/6,66	46/ 45/ 72
	–	–	7,18	54
4/30	–	–	7,06/7,67/6,58	93/105/131
	–	–	7,10	110
5/45	–	–	6,86/7,38/7,19	150/147/198
	–	–	7,14	165
6/60	–	–	7,11/6,70/6,62	205/235/300
	–	–	6,81	247

Tabelle 10. Ergebnisse der Bupivacainbestimmungen im Duramodell für Bupivacain 1,5% mit Dextran B 1:1. Dreifachbestimmung und arithmetischer Mittelwert. *I* Innenansatz, Stammlösung vor der Durapassage; *A* Außenansatz, intrathekales Kompartiment nach der Durapassage

Entnahme/ Zeit [min]	Kolloid I [g/l]	Kolloid A [mg/l]	Bupivacain I [mg/ml]	Bupivacain A [µg/ml]
1/ 0	31,3/29,5/29,6	<40/<40/<40	7,25/6,79/6,44	0,1/0,0/0,0
	30,1	<40	6,83	0,0
2/ 5	31,2/29,5/29,5	<50/<40/<40	7,13/6,79/6,32	12/ 12/ 12
	30,1	<40	6,75	12

Tabelle 10 (Fortsetzung)

Entnahme/ Zeit [min]	Kolloid I [g/l]	Kolloid A [mg/l]	Bupivacain I [mg/ml]	Bupivacain A [µg/ml]
3/15	30,8/29,3/29,4 29,8	<50/ <40/ <40 <40	7,09/6,22/6,62 6,64	48/ 46/ 43 46
4/30	30,6/29,4/29,5 29,8	<50/ 50/ <40 <50	6,87/6,29/6,38 6,51	101/109/102 104
5/45	30,7/29,2/29,3 29,7	50/ 70/ 60 60	7,12/6,25/6,08 6,48	173/169/167 170
6/60	30,4/29,1/29,3 29,6	70/ 100/ 80 83	6,75/5,81/6,51 6,36	220/247/227 231

Tabelle 11. Ergebnisse der Bupivacainbestimmungen im Duramodell für Bupivacain 1,5% mit HES 1:1. Dreifachbestimmung und arithmetischer Mittelwert. *I* Innenansatz, Stammlösung vor der Durapassage; *A* Außenansatz, intrathekales Kompartiment nach der Durapassage

Entnahme/ Zeit [min]	Kolloid I [g/l]	Kolloid A [mg/l]	Bupivacain I [mg/ml]	Bupivacain A [µg/ml]
1/ 0	50,3/49,3/50,8 50,1	<50/ <40/– <50	6,62/6,01/7,28 6,64	0,0/0,1/0,0 0,0
2/ 5	50,3/49,2/50,8 50,1	<50/ <40/ <40 <40	6,52/5,95/6,94 6,47	10/ 8/ 9 9
3/15	50,1/49,1/50,7 50,0	<50/ <40/ <40 <40	6,10/6,05/7,48 6,54	43/ 40/ 38 40
4/30	49,6/49,3/50,4 49,8	70/ 60/ 70 70	6,33/5,88/7,86 6,69	99/ 94/ 92 95
5/45	49,4/49,9/50,0 49,8	140/ 90/ 100 110	5,32/6,36/8,46 6,71	152/151/148 150
6/60	49,0/50,0/50,0 50,0	160/ 140/ 160 153	6,10/6,34/7,44 6,63	209/218/215 214

. In Abb. 2 sind die Verläufe der Bupivacainkonzentrationen im intrathekalen Kompartiment (Außenansatz) nach der Durapassage dargestellt. Ein Einfluß des Kolloidzusatzes auf die Bupivacainwerte konnte statistisch weder im Gruppenniveau (p = 0,31) noch im zeitlichen Verlauf (p = 0,62) gesichert werden, ebensowenig hatte der Zusatz von Dextran oder HES einen Einfluß auf die Konzentrationsunterschiede im Innen- oder Außenansatz (p = 0,37).

Der Unterschied der Bupivacainkonzentrationen im Innen- und Außenansatz der 3 untersuchten Lösungen war innerhalb der Gruppen jeweils signifikant (p < 0,0001) gleiches galt für die Veränderungen innerhalb der Gruppen über die Zeit.

Die Kolloidkonzentrationen waren innerhalb der Gruppen im Innen- und Außenansatz signifikant unterschiedlich (p < 0,002), auch die Veränderungen über die Zeit waren signifikant (p < 0,0001). Zwischen den Kolloiden bestanden sowohl Unterschiede im Gruppenniveau (p = 0,002) als auch im zeitlichen Verlauf (p < 0,0001), bedingt durch das höhere Diffusionsvermögen von HES in den Außenansatz.

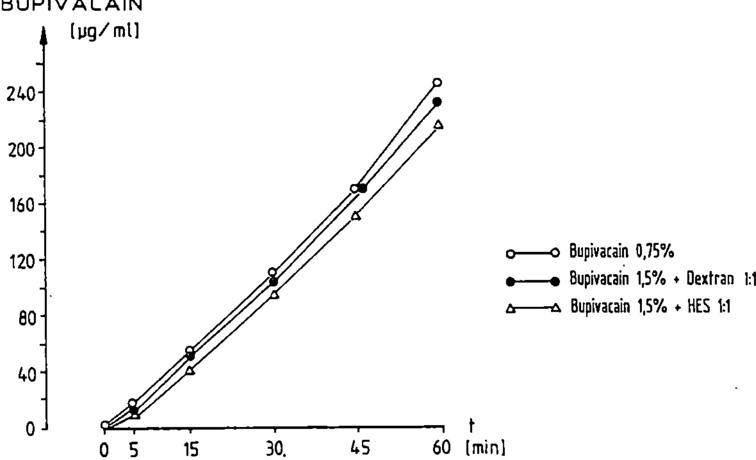

Abb. 2. Bupivacainbestimmung im Duramodell, Konzentrationen im Außenansatz (intrathekales Kompartiment nach der Durapassage). Arithmetische Mittelwerte nach Dreifachbestimmungen. Es bestehen weder Gruppen- noch Verlaufsunterschiede

3.2 Tierversuche

3.2.1 Untersuchungen am Modell des Rattenpfotenvolumens

Die Pfoten mit und ohne Kolloidzusatz konnten im Verlauf der Untersuchung bereits makroskopisch gut unterschieden werden (Abb. 3). Die Verläufe sind für

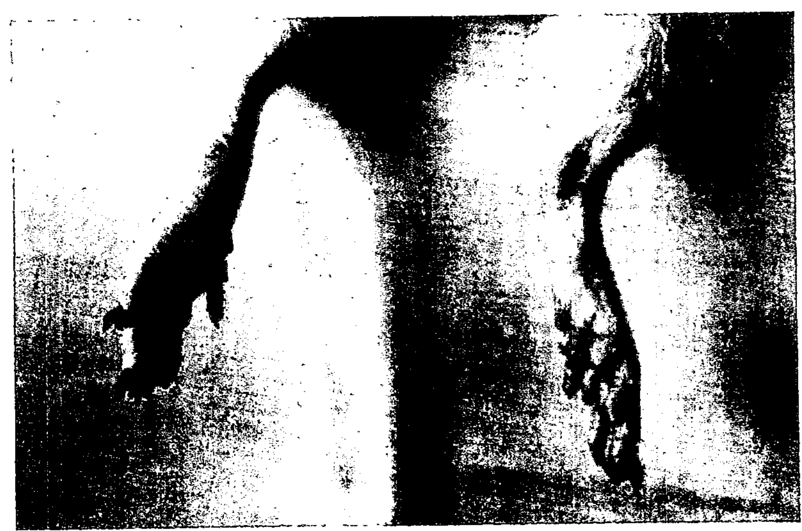

Abb. 3. Untersuchungen am Modell des Rattenpfotenvolumens, makroskopischer Befund. *Links:* Pfote mit Kolloidzusatz; *rechts:* Kontrollpfote ohne Kolloid

die Tiere der Dextrangruppe in Tabelle 12 und Abb. 4, für die HES-Gruppe in Tabelle 13 und Abb. 5 wiedergegeben. In den Tabellen sind zusätzlich die relativen Volumina aufgeführt. Die statistische Auswertung erfolgte unter Zugrundelegung der absoluten Werte. In beiden Gruppen bestanden keine Unterschiede im Hinblick auf Gewicht und Geschlecht der untersuchten Tiere oder die Seitenzuordnung. Die Volumina der Pfoten mit Kolloidzusatz lagen deutlich höher als

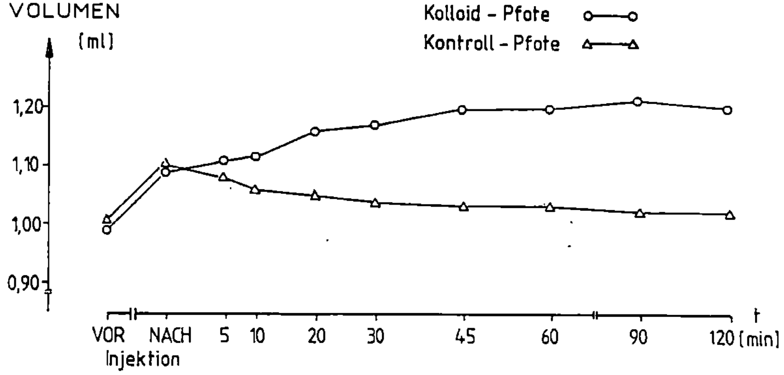

Abb. 4. Untersuchungen am Modell des Rattenpfotenvolumens unter Einsatz von Dextran, arithmetische Mittelwerte der Volumina. Kolloidpfoten (n = 10): Lidocain 2% mit Dextran B 1:1. Kontrollpfoten (n = 10): Lidocain 2% mit NaCl 1:1. Die Volumina der Kolloidpfoten sind höher als die der Kontrollpfoten (p = 0,0004). Das Volumen der Kontrollpfoten nimmt ab (p < 0,0001), das der Kolloidpfoten nimmt zu (p < 0,0001)

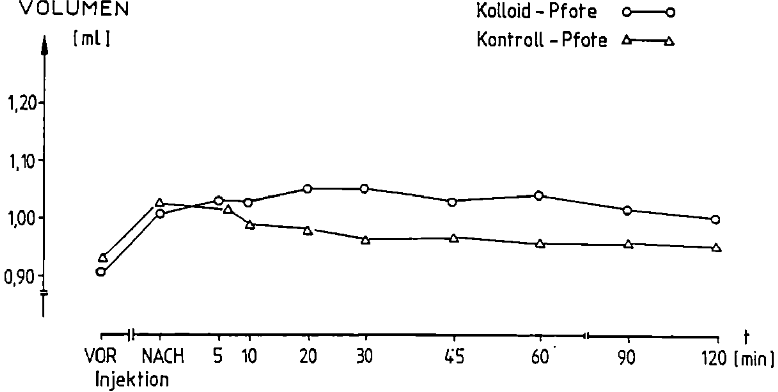

Abb. 5. Untersuchungen am Modell des Rattenpfotenvolumens unter Einsatz von HES, arithmetische Mittelwerte der Volumina. Kolloidpfoten (n = 10): Lidocain 2% mit HES 1:1. Kontrollpfoten (n = 10): Lidocain 2% mit NaCl 1:1. Die Volumina der Kolloidpfoten sind höher als die der Kontrollpfoten (p = 0,0004). Das Volumen der Kontrollpfoten nimmt ab (p < 0,0001), das der Kolloidpfoten nimmt initial zu (p < 0,0001)

die der Seiten ohne Kolloidzusatz (p = 0,0004). In den Pfoten ohne Zusatz der Kolloide nahm das Volumen in beiden Gruppen kontinuierlich ab (p < 0,0001). Im Unterschied dazu zeigten die Seiten mit Kolloidzusatz einen deutlich anderen Verlauf (p < 0,0001). Das Volumen nahm initial zu und wurde erst nach einiger Zeit wieder rückläufig. In der HES-Gruppe war dies nach Ablauf von 30 min in der Dextrangruppe erst wieder nach 90 min der Fall. Die Verlaufsunterschiede zwischen den Pfoten mit Zusatz von Dextran oder HES waren mit p = 0,07 nur trendweise zu erkennen. Die absoluten Unterschiede zwischen der Dextran- und der HES-Gruppe waren nicht signifikant (p = 0,3).

Tabelle 12. Untersuchungen am Modell des Rattenpfotenvolumens, Kolloidpfote (Lidocain 2% mit Dextran B 1:1) und Kontrollpfote (Lidocain 2% mit NaCl 1:1). Es sind die arithmetischen Mittelwerte sowie die Standardabweichung für das absolut gemessene Volumen und den zugehörigen Prozentwert angegeben

Zeitpunkt	Kolloidpfote Volumen [ml]	%-Wert	Kontrollpfote Volumen [ml]	%-Wert
Vor Injektion	0,99 ± 0,22	–	1,00 ± 0,21	–
Nach Injektion	1,09 ± 0,23	100	1,10 ± 0,21	100
5 min	1,11 ± 0,23	101 ± 1,5	1,08 ± 0,22	99 ± 0,8
10 min	1,12 ± 0,23	103 ± 1,6	1,06 ± 0,22	96 ± 1,9
20 min	1,16 ± 0,24	106 ± 1,5	1,05 ± 0,22	95 ± 2,1
30 min	1,17 ± 0,24	107 ± 3,2	1,04 ± 0,22	95 ± 2,1
45 min	1,20 ± 0,25	110 ± 4,4	1,03 ± 0,22	93 ± 2,0
60 min	1,20 ± 0,26	110 ± 4,8	1,03 ± 0,21	94 ± 1,6
90 min	1,22 ± 0,27	112 ± 4,9	1,02 ± 0,21	93 ± 1,5
120 min	1,20 ± 0,25	110 ± 3,9	1,02 ± 0,21	93 ± 1,7

Tabelle 13. Untersuchungen am Modell des Rattenpfotenvolumens, Kolloidpfote (Lidocain 2% mit HES 1:1) und Kontrollpfote (Lidocain 2% mit NaCl 1:1). Es sind die arithmetischen Mittelwerte sowie die Standardabweichung für das absolut gemessene Volumen und den zugehörigen Prozentwert angegeben

Zeitpunkt	Kolloidpfote Volumen [ml]	%-Wert	Kontrollpfote Volumen [ml]	%-Wert
Vor Injektion	0,91 ± 0,15	–	0,93 ± 0,17	–
Nach Injektion	1,01 ± 0,15	100	1,03 ± 0,18	100
5 min	1,03 ± 0,15	102 ± 3,0	1,02 ± 0,18	98 ± 1,3
10 min	1,03 ± 0,15	103 ± 3,9	0,99 ± 0,18	96 ± 2,3
20 min	1,05 ± 0,15	104 ± 2,8	0,98 ± 0,17	95 ± 2,3
30 min	1,05 ± 0,14	104 ± 3,5	0,97 ± 0,18	94 ± 2,7
45 min	1,03 ± 0,14	103 ± 3,5	0,97 ± 0,18	94 ± 2,3
60 min	1,04 ± 0,14	103 ± 4,6	0,96 ± 0,17	93 ± 2,1
90 min	1,02 ± 0,14	101 ± 5,9	0,96 ± 0,18	93 ± 2,5
120 min	1,00 ± 0,14	99 ± 7,1	0,95 ± 0,17	92 ± 2,1

3.2.2 Lidocainplasmaspiegel

Die nach Ablauf von 10 min einmalig bestimmten Plasmaspiegel von Lidocain (Tabelle 14 und Abb. 6) lagen, bezogen auf 100 g Körpergewicht der Tiere, in der HES-Gruppe mit $0,13 \pm 0,04$ µg/ml signifikant niedriger als in der Kontrollgruppe mit $0,20 \pm 0,05$ µg/ml ($p = 0,02$).

Die absoluten Pfotenvolumina der beiden untersuchten Tiergruppen (Tabelle 14 und Abb. 6) zeigten sowohl Veränderungen über die Zeit als auch Unterschiede zwischen den Gruppen im zeitlichen Verlauf, die jeweils mit $p < 0,0001$

Tabelle 14. Untersuchungen am Modell des Rattenpfotenvolumens mit einmaliger Bestimmung der Lidocainspiegel im Plasma. HES-Tiere: Lidocain 2% mit HES 1:1. Kontrolltiere: Lidocain 2% mit NaCl 1:1. Es sind die arithmetischen Mittelwerte sowie die Standardabweichung angegeben

Parameter	Einheit	Zeitpunkt	HES-Tiere	Kontrolltiere
Absolutes Pfotenvolumen	[ml]	Vor Injektion	$1,05 \pm 0,15$	$0,97 \pm 0,20$
		Nach Injektion	$1,15 \pm 0,15$	$1,07 \pm 0,20$
		5 min	$1,16 \pm 0,15$	$1,04 \pm 0,20$
		10 min	$1,17 \pm 0,15$	$1,02 \pm 0,20$
Relatives Pfotenvolumen	[%]	Vor Injektion	–	–
		Nach Injektion	100	100
		5 min	$101 \pm 0,9$	$97 \pm 1,1$
		10 min	$102 \pm 0,7$	$96 \pm 1,2$
Lidocain	[µg/ml/100 g KG]	10 min	$0,13 \pm 0,04$	$0,20 \pm 0,05$

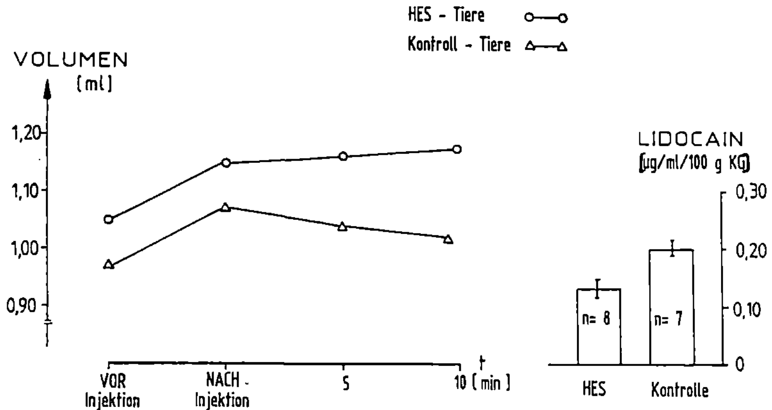

Abb. 6. Untersuchungen am Modell des Rattenpfotenvolumens mit einmaliger Bestimmung der Lidocainspiegel im Plasma. HES-Tiere ($n = 8$): Lidocain 2% mit HES 1:1. Kontrolltiere ($n = 7$): Lidocain 2% mit NaCl 1:1. Es sind die arithmetischen Mittelwerte, bei den Plasmaspiegeln zusätzlich die Standardabweichung angegeben. Das Pfotenvolumen der HES-Tiere nimmt zu, das der Kontrolltiere nimmt ab ($p < 0,0001$). Die Lidocainplasmaspiegel der HES-Tiere sind niedriger ($p = 0,02$)

gesichert werden konnten. Während es bei den Tieren der Kontrollgruppe zu einem kontinuierlichen Abfall des Pfotenvolumens kam, nahm das Volumen bei den Tieren der HES-Gruppe über den gesamten Meßzeitraum zu. Im Gruppenniveau bestanden dagegen aufgrund der kurzen Beobachtungsdauer keine Unterschiede zwischen den Kollektiven.

3.2.3 Histologische Befunde

Die histologischen Untersuchungen der Nn. ischiadici ergaben ein im wesentlichen übereinstimmendes, der Norm entsprechendes Bild (Abb. 7-10). Es handelte sich um peripheres Nervengewebe mit Bündeln markhaltiger Fasern unterschiedlichen Kalibers, wobei dicke Markfasern überwogen. Frische oder ältere Markscheidenuntergänge fielen nicht auf, auch lagen keine Zeichen äußerer Einblutungen, keine entzündlich-zelligen Infiltrate und keine groben Strukturalterationen im Bereich des begleitenden Gefäßbindegewebes vor. In einigen Präparaten beider Untersuchungsgruppen waren umschriebene Axonschwellungen einzelner Fasern ohne entsprechende desintegrative Veränderungen der Markscheiden nachzuweisen. Diese Befunde konnten auf mechanische Alterationen bei der Entnahme zurückgeführt werden, da sie sich jeweils in der Nähe komprimierter oder abgewinkelter Anteile der Nervenstücke befanden.

Abb. 7. N. ischiadicus der Ratte nach Leitungsanästhesie unter Verwendung von Lidocain 2% mit NaCl 1:1. Längsschnitt, Goldner-Färbung, Vergr. 285:1

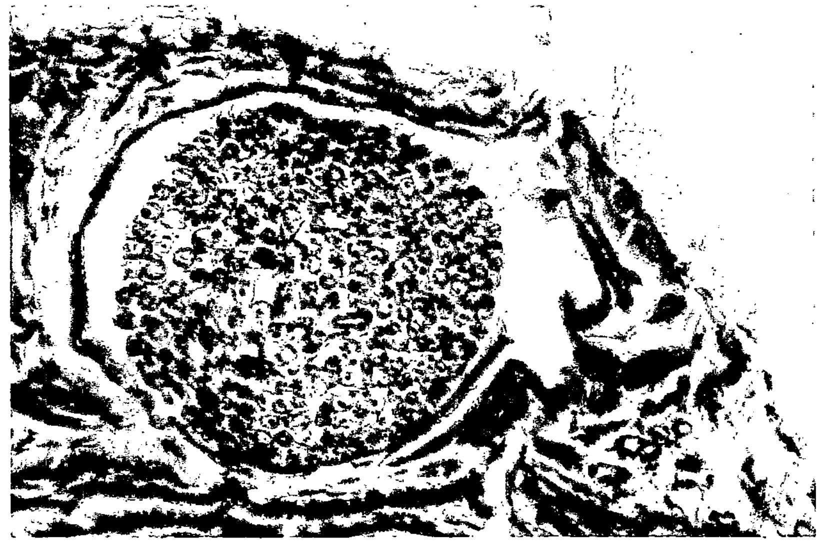

Abb. 8. N. ischiadicus der Ratte nach Leitungsanästhesie unter Verwendung von Lidocain 2% mit NaCl 1:1. Querschnitt, Goldner-Färbung, Vergr. 285:1

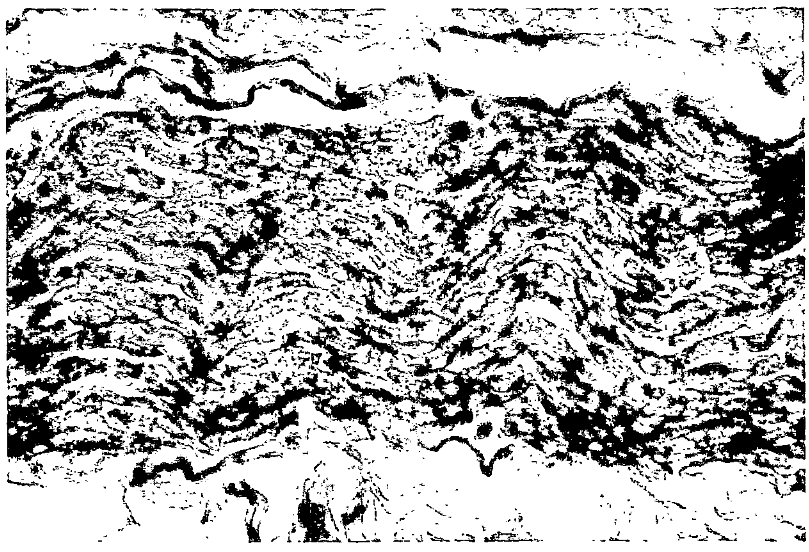

Abb. 9. N. ischiadicus der Ratte nach Leitungsanästhesie unter Verwendung von Lidocain 2% mit Dextran B 1:1. Längsschnitt, Goldner-Färbung, Vergr. 285:1

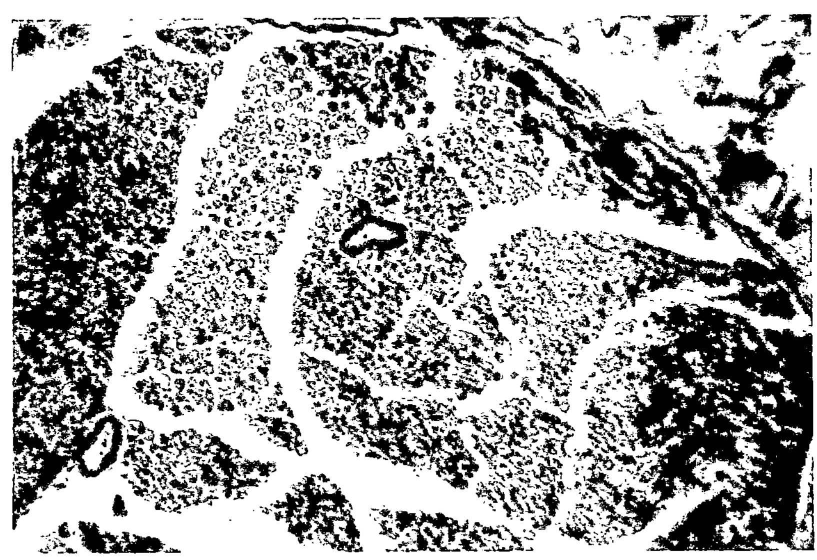

Abb. 10. N. ischiadicus der Ratte nach Leitungsanästhesie unter Verwendung von Lidocain 2% mit HES 1:1. Querschnitt, Goldner-Färbung, Vergr. 285:1

3.3 Untersuchungen an Probanden und Patienten

3.3.1 Allgemeines

Die biometrischen Daten der untersuchten Patienten sind für die Gruppen mit Infiltrationsanästhesie in Tabelle 15, die Gruppen mit axillärer Plexusanästhesie in Tabelle 23 und die Gruppen mit Periduralanästhesie in Tabelle 30 wiedergegeben. Bezogen auf die jeweils eingesetzten Verfahren waren die zugeordneten Kollektive im Hinblick auf Alter, Größe, Gewicht und Geschlechtsverteilung statistisch miteinander vergleichbar.

Tabelle 15. Biometrische Daten der Patientengruppen mit Infiltrationsanästhesie. Arithmetische Mittelwerte und Standardabweichung bzw. Geschlechtsverteilung

Gruppe	Alter (Jahre)	Größe [cm]	Gewicht [kg]	Geschlecht (m.:w.)
Lid./Adr. 1:1				
mit NaCl	41±17	168±10	69±15	6:4
mit Dextran A	42±17	173± 4	71±13	6:4
mit HES	51±14	173±10	80±16	5:5
Lidocain 2%				
mit NaCl	50±15	167± 5	68±12	3:7
mit Dextran A	47±10	173± 8	78±13	5:5
mit HES	46±19	170± 6	73±10	3:7
Kontrollgruppe	48±15	168± 8	74±15	5:5

3.3.2 Infiltrationsanästhesie

Die Ergebnisse für die einzelnen Patientengruppen sind in den Tabellen 16–22 aufgeführt. Von den insgesamt 70 untersuchten Patienten hatten 8 keine Prämedikation erhalten. In 7 Fällen wurde Midazolam zur Narkoseeinleitung benutzt. Dreizehn Intubationen erfolgten ohne Einsatz von Succinylcholin. Vor Beginn der Infiltrationsanästhesie durchgeführte Kontrollen ergaben, daß die Patienten

Tabelle 16. Infiltrationsanästhesie, Patientengruppe 1 (Lid./Adr. mit NaCl 1:1). Arterieller Mitteldruck *(MAP)* und Herzfrequenz *(HR)*, arithmetische Mittelwerte und Standardabweichung. Lidocain, Adrenalin und Noradrenalin im Plasma, geometrische Mittelwerte und Streubreite

Zeit	[min]	MAP [mmHg]	HR [min^{-1}]	Lidocain [µg/ml]	Adrenalin [pg/ml]	Noradrenalin [pg/ml]
E_1	0	95	71	–	21	93
		18	11	–	9– 272	17–458
E_2	5	95	82	2,48	2391	93
		15	19	1,02–6,26	853–8632	17–388
E_3	10	90	81	1,96	1779	106
		15	17	0,75–6,15	516–6771	24–421
E_4	20	85	78	1,25	818	123·
		14	15	0,43–5,66	260–4316	23–403
E_5	30	88	73	1,14	630	113
		15	10	0,37–4,84	227–3076	33–361
E_6	45	90	70	0,82	430	129
		15	5	0,29–2,50	133–1486	40–352
E_7	60	92	68	0,69	242	128
		13	6	0,20–2,13	30– 902	37–385

Tabelle 17. Infiltrationsanästhesie, Patientengruppe 2 (Lid./Adr. mit Dextran A 1:1). Arterieller Mitteldruck *(MAP)* und Herzfrequenz *(HR)*, arithmetische Mittelwerte und Standardabweichung. Lidocain, Adrenalin und Noradrenalin im Plasma, geometrische Mittelwerte und Streubreite

Zeit	[min]	MAP [mmHg]	HR [min^{-1}]	Lidocain [µg/ml]	Adrenalin [pg/ml]	Noradrenalin [pg/ml]
E_1	0	102	65	–	16	114
		8	12	–	3– 49	39– 608
E_2	5	99	68	0,24	336	122
		7	13	0,02–1,93	56–1532	37– 576
E_3	10	95	67	0,18	206	128
		9	12	0,05–0,73	116– 380	56– 490
E_4	20	94	66	0,26	227	137
		15	11	0,11–1,19	92– 695	48– 810
E_5	30	94	66	0,23	197	131
		13	10	0,07–0,99	58– 846	22–1252
E_6	45	94	64	0,23	167	146
		15	9	0,09–0,89	54– 509	26–2116
E_7	60	95	65	0,24	169	171
		12	10	0,07–0,80	36– 664	30–2021

Tabelle 18. Infiltrationsanästhesie, Patientengruppe 3 (Lid./Adr. mit HES 1:1). Arterieller Mitteldruck *(MAP)* und Herzfrequenz *(HR)*, arithmetische Mittelwerte und Standardabweichung. Lidocain, Adrenalin und Noradrenalin im Plasma, geometrische Mittelwerte und Streubreite

Zeit	[min]	MAP [mmHg]	HR [min^{-1}]	Lidocain [µg/ml]	Adrenalin [pg/ml]	Noradrenalin [pg/ml]
E_1	0	101	62	–	19	62
		17	8	–	3– 352	9–175
E_2	5	99	64	0,25	369	67
		25	9	0,01–0,94	28–2196	9–179
E_3	10	98	66	0,42	361	69
		14	8	0,13–1,91	56–3510	22–147
E_4	20	96	67	0,33	174	61
		12	9	0,12–1,14	21–2514	18–135
E_5	30	98	66	0,30	182	89
		14	9	0,10–0,68	28– 865	9–232
E_6	45	108	65	0,26	136	95
		15	9	0,09–0,57	18– 528	29–176
E_7	60	107	64	0,23	101	91
		19	8	0,08–0,55	18– 279	24–194

Tabelle 19. Infiltrationsanästhesie, Patientengruppe 4 (Lidocain 2% mit NaCl 1:1). Arterieller Mitteldruck *(MAP)* und Herzfrequenz *(HR)*, arithmetische Mittelwerte und Standardabweichung. Lidocain, Adrenalin und Noradrenalin im Plasma, geometrische Mittelwerte und Streubreite

Zeit	[min]	MAP [mmHg]	HR [min^{-1}]	Lidocain [µg/ml]	Adrenalin [pg/ml]	Noradrenalin [pg/ml]
E_1	0	94	72	–	14	151
		16	16	–	5– 45	71–571
E_2	5	87	70	2,18	10	105
		20	14	0,48–6,72	4– 39	30–529
E_3	10	85	70	2,07	10	105
		18	13	0,65–6,44	3– 48	25–497
E_4	20	87	70	1,62	16	146
		15	13	0,57–3,62	4– 60	35–484
E_5	30	87	73	1,19	18	174
		13	16	0,25–2,52	7–182	39–684
E_6	45	88	73	0,70	13	168
		13	10	0,12–1,65	4–152	49–651
E_7	60	89	71	0,51	14	154
		14	10	0,14–1,12	3–271	36–700

Tabelle 20. Infiltrationsanästhesie, Patientengruppe 5 (Lidocain 2% mit Dextran A 1:1). Arterieller Mitteldruck *(MAP)* und Herzfrequenz *(HR)*, arithmetische Mittelwerte und Standardabweichung. Lidocain, Adrenalin und Noradrenalin im Plasma, geometrische Mittelwerte und Streubreite

Zeit	[min]	MAP [mmHg]	HR [min^{-1}]	Lidocain [µg/ml]	Adrenalin [pg/ml]	Noradrenalin [pg/ml]
E_1	0	93	62	–	26	135
		19	10	–	12–115	30–348
E_2	5	87	66	1,52	22	113
		17	9	0,30–3,71	11– 47	17–261
E_3	10	85	66	1,56	20	132
		15	9	0,23–3,16	13– 37	61–295
E_4	20	86	66	1,32	25	157
		19	9	0,32–2,56	13–101	56–339
E_5	30	83	64	1,18	20	159
		15	9	0,32–1,97	12– 35	67–333
E_6	· 45	94	66	0,87	17	195
		22	9	0,36–1,48	8– 29	126–322
E_7	60	87	66	0,66	23	183
		27	7	0,22–1,16	11– 73	107–336

Tabelle 21. Infiltrationsanästhesie, Patientengruppe 6 (Lidocain 2% mit HES 1:1). Arterieller Mitteldruck *(MAP)* und Herzfrequenz *(HR)*, arithmetische Mittelwerte und Standardabweichung. Lidocain, Adrenalin und Noradrenalin im Plasma, geometrische Mittelwerte und Streubreite

Zeit	[min]	MAP [mmHg]	HR [min^{-1}]	Lidocain [µg/ml]	Adrenalin [pg/ml]	Noradrenalin [pg/ml]
E_1	0	98	63	–	10	99
	·	18	12	· –	5–30	61–248
E_2	5	90	64	1,99	11	94
		21	13	0,16–4,86	6–35	43–362
E_3	10	88	63	1,75	10	104
		21	14	0,38–2,92	7–43	50–339
E_4	20	86	64	1,37	12	106
		22	14	0,30–3,45	5–29	46–421
E_5	30	88	63	1,17	12	104.
		17	14	0,24–3,26	4–34	46–595
E_6	45	88	64	0,95	9	119
		17	13	0,23–2,30	4–29	51–701
E_7	60	86	66	0,71	11	128
		18	13	0,23–1,43	4–30	48–795

Tabelle 22. Infiltrationsanästhesie, Patientengruppe 7 (Kontrollgruppe, NaCl). Arterieller Mitteldruck *(MAP)* und Herzfrequenz *(HR)*, arithmetische Mittelwerte und Standardabweichung. Lidocain, Adrenalin und Noradrenalin im Plasma, geometrische Mittelwerte und Streubreite

Zeit	[min]	MAP [mm Hg]	HR [min^{-1}]	Lidocain [μg/ml]	Adrenalin [pg/ml]	Noradrenalin [pg/ml]
E$_1$	0	100	71	–	25	205
		10	11	–	3–357	97– 458
E$_2$	5	107	73	–	20	247
		14	12	–	3–153	130– 637
E$_3$	10	109	72	–	20	248
		18	11	–	3– 90	93– 477
E$_4$	20	99	76	–	18	241
		11	13	–	3–141	88– 676
E$_5$	30	99	75	–	24	290
		11	11	–	8–569	113–1209
E$_6$	45	97	72	–	16	302
		10	8	–	3–285	107–1125
E$_7$	60	100	72	–	23	325
		12	8	–	3–346	91–1937

Tabelle 23. Biometrische Daten der Patientengruppen mit axillärer Plexusanästhesie. Arithmetische Mittelwerte und Standardabweichung bzw. Geschlechtsverteilung

Gruppe	Mepivacain 1%	Mepivacain 2% Dextran A 1:1	Mepivacain 2% HES 1:1
Alter (Jahre)	39±21	38±20	48±14
Größe [cm]	169± 8	172± 9	168± 7
Gewicht [kg]	72±15	74±10	70± 9
Geschlecht (m.:w.)	5:5	6:4	2:8

keine relevanten Lidocainspiegel infolge einer der Intubation vorangehenden Oberflächenanästhesie des Kehlkopfeinganges aufwiesen.

Die Plasmakonzentrationen von Lidocain (Abb. 11) waren in den Gruppen mit Zusatz von Dextran oder HES mit p = 0,001 signifikant niedriger als in den Kollektiven ohne Kolloidanteil. In Verbindung mit den kolloidalen Zusätzen hatte die Verwendung von Adrenalin mit p = 0,0007 gleichfalls einen deutlichen Effekt und führte zu einer wesentlichen Verstärkung der resorptionsverzögernden Kolloidwirkung (p = 0,03). Die absoluten Veränderungen über die Zeit waren mit p < 0,0001 signifikant. Auch im zeitlichen Verlauf hatten sowohl der Kolloidzusatz (p < 0,0001) als auch der Adrenalinanteil (p = 0,0002) einen deutlichen Einfluß im Sinne einer protrahierten Resorption.

Die resorptionsbedingten Adrenalinplasmaspiegel der Kollektive mit Adrenalinzusatz zum Lokalanästhetikum (Patientengruppen 1–3, Abb. 12) konnten durch den Zusatz von Dextran oder HES signifikant erniedrigt werden (p = 0,002). Bei deutlichen Veränderungen über die Zeit (p < 0,0001) waren wei-

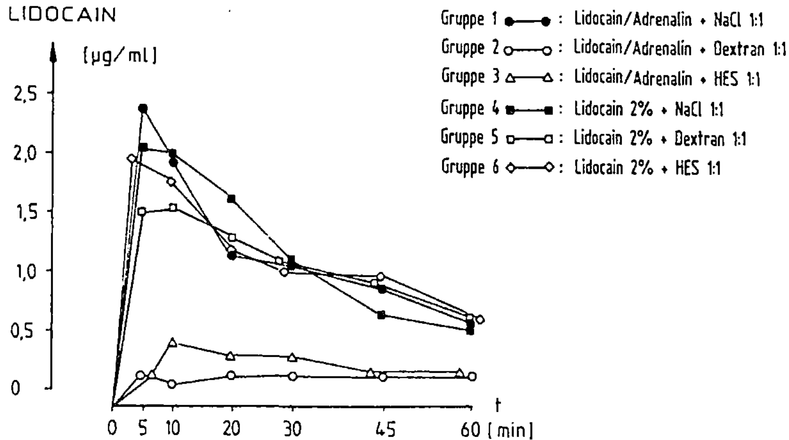

Abb. 11. Lidocainkonzentrationen im Plasma bei Infiltrationsanästhesie, Patientengruppen 1–6 (n = 10), geometrische Mittelwerte. In den Gruppen 1–3 (adrenalinhaltige Lösungen) sind die Konzentrationen bei Verwendung der Kolloidzusätze niedriger als in der Vergleichsgruppe (p = 0,001), der Effekt wird durch den Adrenalinanteil verstärkt (p = 0,0007). In den Gruppen 4–6 (adrenalinfreie Lösungen) sind die Konzentrationen der Gruppen mit Kolloidzusatz niedriger als in der Vergleichsgruppe (p = 0,001)

terhin Interaktionen im zeitlichen Verlauf nachweisbar (p = 0,0001), die auf der verzögerten Resorption in den Gruppen mit Kolloidzusatz und dem dadurch insgesamt abgeschwächten Verlauf beruhten.

In den Gruppen ohne Adrenalinanteil in der Lokalanästhesielösung waren die endogenen Adrenalinplasmaspiegel weitgehend vergleichbar (Abb. 13). Die Mittelwerte lagen im unteren Normbereich. Lediglich der Zeitfaktor hatte mit p = 0,03 einen Einfluß.

Die Noradrenalinkonzentrationen streuten stark, sie waren jedoch in allen Kollektiven vergleichbar (Abb. 14 und 15). Der Konzentrationsanstieg über die Zeit war mit p < 0,0001 signifikant. Die Mittelwerte blieben mit Ausnahme der Kontrollgruppe im Normbereich, in der Kontrollgruppe waren sie geringfügig erhöht. Weder der Kolloidzusatz noch der Adrenalinanteil der Lokalanästhesielösungen hatten Auswirkungen auf die Plasmaspiegel von Noradrenalin.

Für den arteriellen Mitteldruck (Abb. 16 und 17) konnten signifikante Veränderungen über die Zeit (p = 0,0004), jedoch weder Gruppen- noch Verlaufsunterschiede nachgewiesen werden. Das Blutdruckverhalten wurde demnach weder durch den Adrenalinanteil der Lösungen noch durch den Kolloidzusatz beeinflußt.

Die Herzfrequenz (Abb. 18 und 19) zeigte bei vergleichbarem Gruppenniveau ebenfalls signifikante Veränderungen über die Zeit (p = 0,03). Im zeitlichen Verlauf nachweisbare Interaktionen zwischen den Gruppen (p = 0,008) konnten auf höhere Werte nach der Injektion in der Patientengruppe 1 (Lidocain mit Adrenalinzusatz, kein Kolloid) zurückgeführt werden. Der Zusatz von Dextran oder HES verminderte diesen Anstieg im zeitlichen Verlauf (p = 0,05).

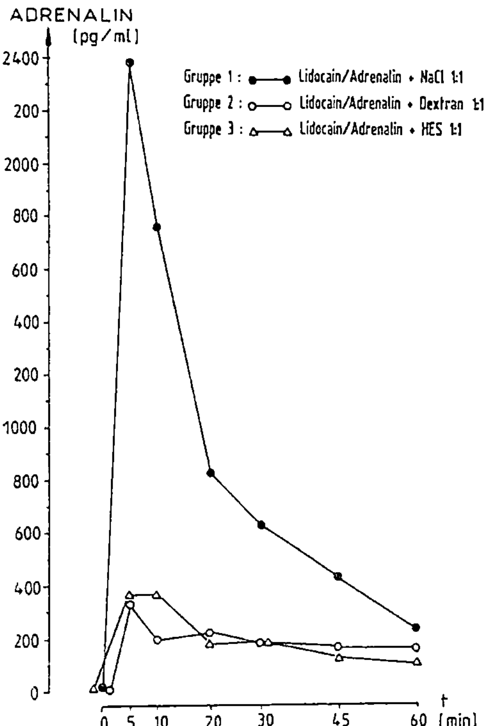

Abb. 12. Adrenalinkonzentrationen im Plasma bei Infiltrationsanästhesie, Patientengruppen 1–3 (n = 10), geometrische Mittelwerte. Die Konzentrationen der Gruppen mit Kolloidzusatz sind niedriger als in der Vergleichsgruppe (p = 0,002), die Veränderungen im Verlauf sind geringer ausgeprägt (p = 0,0001)

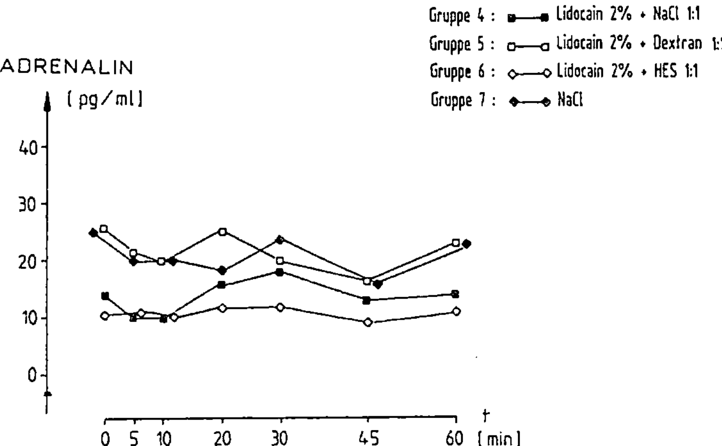

Abb. 13. Adrenalinkonzentrationen im Plasma bei Infiltrationsanästhesie, Patientengruppen 4–7 (n = 10), geometrische Mittelwerte. Es bestehen weder Gruppen- noch Verlaufsunterschiede

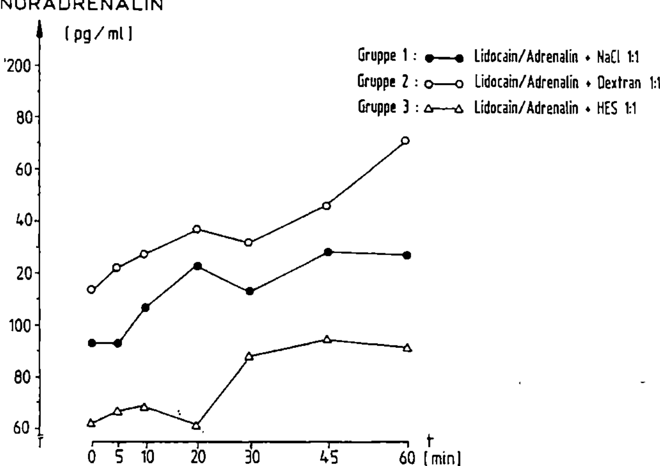

Abb. 14. Noradrenalinkonzentrationen im Plasma bei Infiltrationsanästhesie, Patientengruppen 1–3 (n = 10), geometrische Mittelwerte. Es bestehen weder Gruppen- noch Verlaufsunterschiede

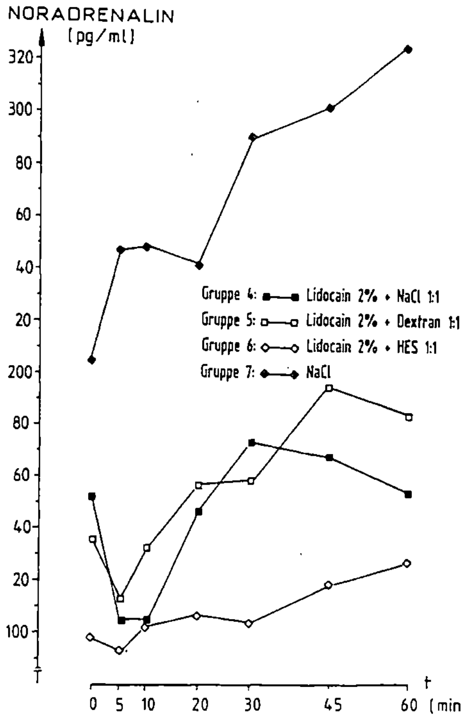

Abb. 15. Noradrenalinkonzentrationen im Plasma bei Infiltrationsanästhesie, Patientengruppen 4–7 (n = 10), geometrische Mittelwerte. Es bestehen weder Gruppen- noch Verlaufsunterschiede

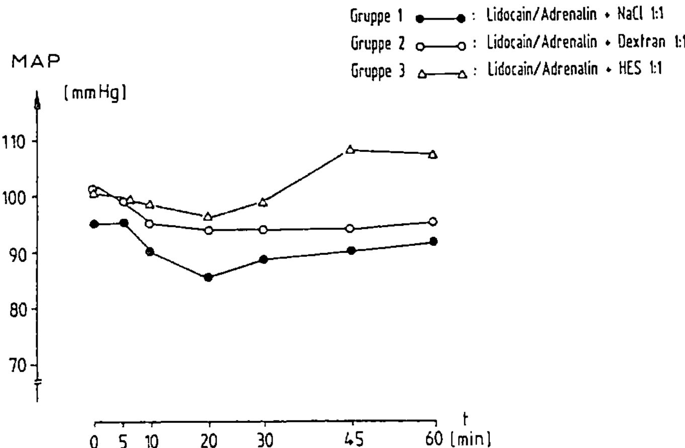

Abb. 16. Arterieller Mitteldruck *(MAP)* bei Infiltrationsanästhesie, Patientengruppen 1–3 (n = 10), arithmetische Mittelwerte. Es bestehen weder Gruppen- noch Verlaufsunterschiede

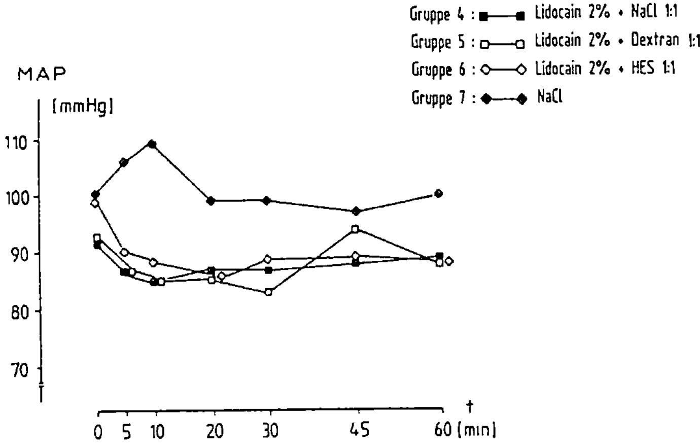

Abb. 17. Arterieller Mitteldruck *(MAP)* bei Infiltrationsanästhesie, Patientengruppen 4–7 (n = 10), arithmetische Mittelwerte. Es bestehen weder Gruppen- noch Verlaufsunterschiede

3.3.3 Axilläre Plexusanästhesie

In den Tabellen 24–26 sind die Ergebnisse der Untersuchungen bei axillärer Plexusanästhesie wiedergegeben. Die Mepivacainplasmaspiegel (Abb. 20) wurden durch den Zusatz von Dextran oder HES nicht signifikant beeinflußt und zeigten mit p = 0,99 einen ausgesprochen einheitlichen Verlauf über die Zeit. Die absoluten zeitlichen Veränderungen waren mit p < 0,0001 signifikant. Aus Abb. 20 wird weiter deutlich, daß die Mepivacainkonzentrationen der Gruppe ohne Kolloidzusatz bis 60 min nach der Injektion durchgehend höher lagen als in den Gruppen mit Zusatz von Dextran oder HES.

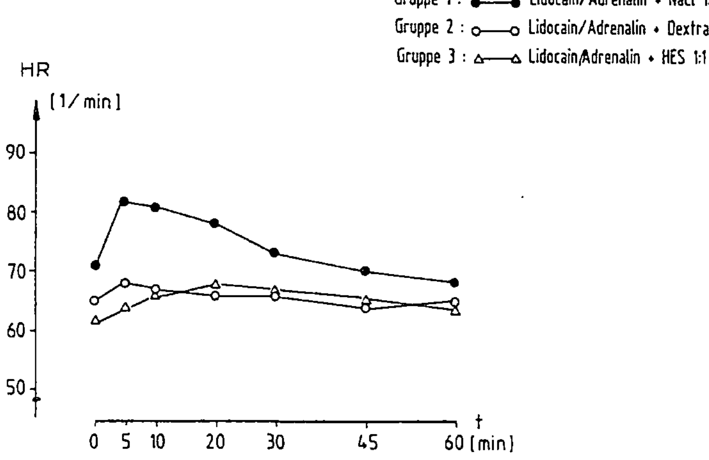

Abb. 18. Herzfrequenz *(HR)* bei Infiltrationsanästhesie, Patientengruppen 1–3 (n = 10), arithmetische Mittelwerte. Der initiale Anstieg der Gruppe ohne Kolloidzusatz ist deutlich (p = 0,008)

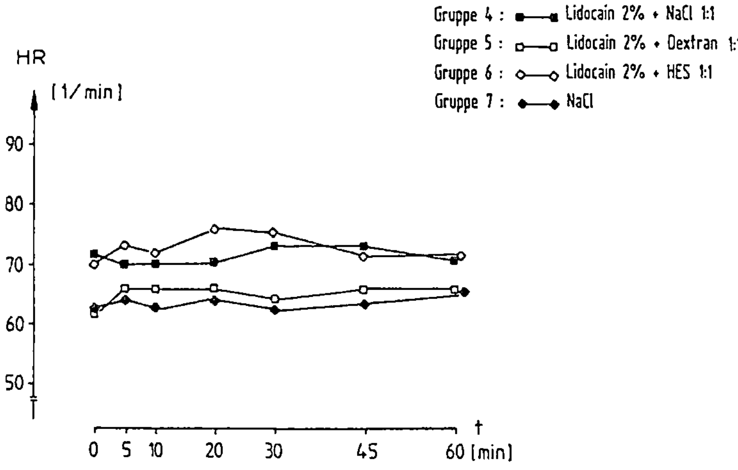

Abb. 19. Herzfrequenz *(HR)* bei Infiltrationsanästhesie, Patientengruppen 4–7 (n = 10), arithmetische Mittelwerte. Es bestehen weder Gruppen- noch Verlaufsunterschiede

Die Anschlagzeiten bis zum Verlust der Schmerzempfindung im Bereich der 3 Prüfpunkte waren zwischen den Gruppen vergleichbar. Es wurden die geometrischen Mittelwerte und die Streubreite ausgewertet.

Patientengruppe 1 (Mepivacain 1%):
- N. radialis: 12 min (5–60 min),
- N. medianus: 11 min (5–45 min),
- N. ulnaris: 11 min (5–45 min).

Tabelle 24. Axilläre Plexusanästhesie, Patientengruppe 1 (Mepivacain 1%). Arterieller Mitteldruck *(MAP)* und Herzfrequenz *(HR)*, arithmetische Mittelwerte und Standardabweichung. Mepivacain im Plasma, geometrische Mittelwerte und Streubreite

Zeit	[min]	MAP [mm Hg]	HR [min^{-1}]	Mepivacain [µg/ml]
E_1	0	105	77	–
		12	11	–
E_2	3	103	78	0,72
		14	10	0,06–4,34
E_3	5	104	77	1,18
		13	10	0,16–5,14
E_4	10	104	78	2,12
		13	8	0,45–5,49
E_5	20	102	75	2,85
		15	9	1,09–4,94
E_6	30	106	75	3,07
		17	11	1,32–4,92
E_7	45	102	75	3,15
		14	8	1,34–5,22
E_8	60	108	78	3,25
		14	7	2,47–4,65
E_9	90	103	80	2,70
		14	11	1,34–4,15
E_{10}	120	102	75	2,36
		16	12	1,40–3,47

Tabelle 25. Axilläre Plexusanästhesie, Patientengruppe 2 (Mepivacain 2% mit Dextran A 1:1). Arterieller Mitteldruck *(MAP)* und Herzfrequenz *(HR)*, arithmetische Mittelwerte und Standardabweichung. Mepivacain im Plasma, geometrische Mittelwerte und Streubreite

Zeit	[min]	MAP [mm Hg]	HR [min^{-1}]	Mepivacain [µg/ml]
E_1	0	104	72	–
		11	16	–
E_2	3	103	71	0,61
		14	16	0,12–2,41
E_3	5	103	71	0,92
		14	17	0,26–2,42
E_4	10	102	73	1,56
		12	16	0,54–3,69
E_5	20	105	73	2,18
		11	15	0,93–3,50
E_6	30	105	77	2,46
		14	14	1,08–3,38
E_7	45	110	76	2,79
		21	15	1,62–3,68
E_8	60	106	76	2,84
		17	12	2,14–3,54
E_9	90	106	75	2,45
		13	11	1,97–3,16
E_{10}	120	106	73	2,10
		10	11	1,48–2,71

Tabelle 26. Axilläre Plexusanästhesie, Patientengruppe 3 (Mepivacain 2% mit HES 1:1). Arterieller Mitteldruck *(MAP)* und Herzfrequenz *(HR)*, arithmetische Mittelwerte und Standardabweichung. Mepivacain im Plasma, geometrische Mittelwerte und Streubreite

Zeit	[min]	MAP [mm Hg]	HR [min^{-1}]	Mepivacain [µg/ml]
E_1	0	105	77	–
		14	12	–
E_2	3	108	75	0,63
		13	12	0,13–3,74
E_3	5	108	74	1,09
		13	12	0,39–4,15
E_4	10	107	74	2,01
		12	12	0,89–4,66
E_5	20	105	77	2,53
		14	18	1,31–4,15
E_6	30	103	78	2,74
		14	17	1,53–4,94
E_7	45	109	75	2,74
		12	11	1,66–3,98
E_8	60	105	72	2,89
		11	12	1,61–4,73
E_9	90	102	70	2,80
		12	10	1,43–4,77
E_{10}	120	102	72	2,43
		11	8	1,12–4,61

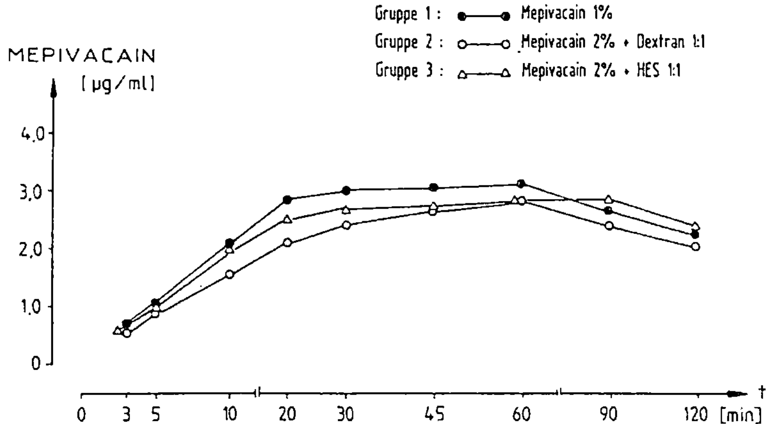

Abb. 20. Mepivacainkonzentrationen im Plasma bei axillärer Plexusanästhesie, Patientengruppen 1–3 (n = 10), geometrische Mittelwerte. Es bestehen weder Gruppen- noch Verlaufsunterschiede

Patientengruppe 2 (Mepivacain 2% mit Dextran A 1:1):
- N. radialis: 8 min (4–15 min),
- N. medianus: 7 min (4–17 min),
- N. ulnaris: 7 min (4–12 min).

Patientengruppe 3 (Mepivacain 2% mit HES 1:1):
- N. radialis: 9 min (5–15 min),
- N. medianus: 10 min (6–15 min),
- N. ulnaris: 9 min (5–15 min).

Zwei Patienten benötigten nach Ablauf der Meßperiode eine intraoperative Nachinjektion. Bei den übrigen 28 Patienten waren die Zeiten bis zum Wiederauftreten der Schmerzempfindung auf „pin prick" am zeitlich ersten bzw. letzten Prüfpunkt vergleichbar. Es wurden die arithmetischen Mittelwerte und die Standardabweichung ausgewertet.

Für den zeitlichen Prüfpunkt waren die Werte:

- *Patientengruppe 1*
  (Mepivacain 1%): 209 ± 42 min,

- *Patientengruppe 2*
  (Mepivacain 2% mit Dextran A 1:1): 213 ± 49 min,

- *Patientengruppe 3*
  (Mepivacain 2% mit HES 1:1): 223 ± 37 min.

Für den zeitlich letzten Prüfpunkt galten:

- *Patientengruppe 1*
  (Mepivacain 1%): 233 ± 38 min,
- *Patientengruppe 2*
  (Mepivacain 2% mit Dextran A 1:1): 233 ± 46 min,
- *Patientengruppe 3*
  (Mepivacain 2% mit HES 1:1): 259 ± 28 min.

Das Verhalten des arteriellen Mitteldrucks (Abb. 21) war sowohl zwischen den Gruppen einheitlich als auch im zeitlichen Verlauf stabil. Gleiches galt für die Herzfrequenz (Abb. 22), so daß die Kreislaufverhältnisse als ausgeglichen zu bezeichnen waren.

3.3.4 Intravenöse Regionalanästhesie

Die Tabellen 27–29 enthalten die Ergebnisse der 3 Meßreihen. Bei den Probanden handelte es sich um 8 Männer und 2 Frauen im Alter von 24–31 Jahren, der Mittelwert war 26 Jahre. Für Körpergröße und -gewicht betrugen die Mittelwerte und Standardabweichungen 177 ± 7 cm und 73 ± 10 kg. Die Probanden

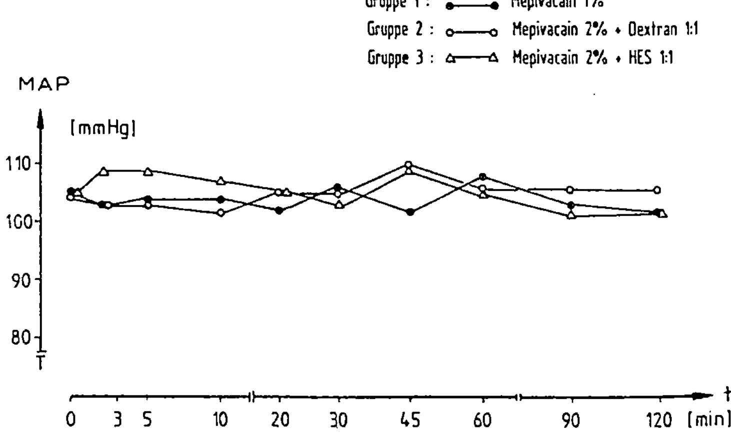

Abb. 21. ·Arterieller Mitteldruck *(MAP)* bei axillärer Plexusanästhesie, Patientengruppen 1–3 (n = 10), arithmetische Mittelwerte. Es bestehen weder Gruppen- noch Verlaufsunterschiede

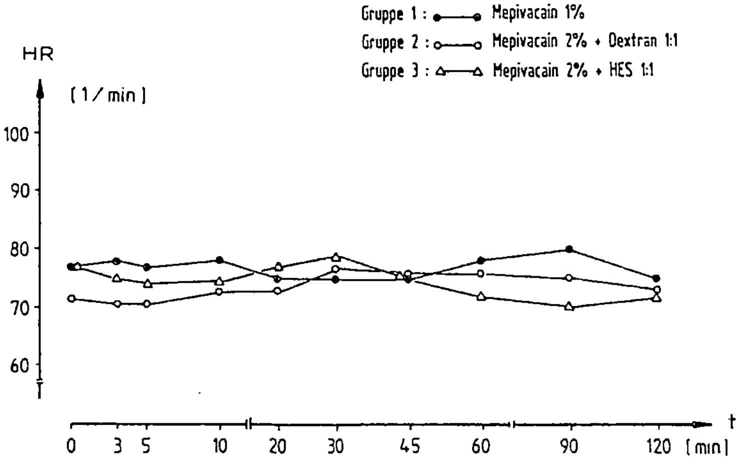

Abb. 22. Herzfrequenz *(HR)* bei axillärer Plexusanästhesie, Patientengruppen 1–3 (n = 10), arithmetische Mittelwerte. Es bestehen weder Gruppen- noch Verlaufsunterschiede

hatten vor Eröffnung der Blutsperre bereits geringe Prilocainkonzentrationen im Blut, die jedoch in allen Fällen als bedeutungslos anzusehen waren.

Nach Eröffnung der Blutsperre lagen die Prilocainplasmaspiegel (Abb. 23) in den Serien mit Zusatz von Dextran oder HES deutlich höher als in der Meßreihe ohne Kolloidzusatz (p = 0,01). Die Veränderungen über die Zeit waren innerhalb der Serien signifikant (p < 0,0001). Es konnten weiter Interaktionen im zeitlichen Verlauf nachgewiesen werden (p = 0,002), bedingt durch den steileren Anstieg der Prilocainspiegel nach Eröffnen der Blutsperre in den Meßreihen mit Zusatz von Dextran oder HES.

Tabelle 27. i.v.-Regionalanästhesie (Prilocain 2% mit NaCl 1:1). Arterieller Mitteldruck *(MAP)*, Herzfrequenz *(HR)* und Methämoglobin *(Met-Hb)*, arithmetische Mittelwerte und Standardabweichung. Prilocain im Plasma, geometrische Mittelwerte und Streubreite

Zeit	[min]	MAP [mmHg]	HR [min^{-1}]	Met-Hb [%]	Prilocain [µg/ml]
E_1	0	93	71	1,1	0,14
		6	11	0,4	0,04– 0,59
E_2	1	93	75	–	2,36
		6	7	–	0,83–15,50
E_3	3	95	71	–	2,85
		4	9	–	1,02–11,51
E_4	5	94	69	1,1	2,93
		4	6	0,4	1,43– 7,88
E_5	10	96	67	1,8	2,31
		5	6	0,6	1,05– 5,79
E_6	20	96	66	2,6	1,55
		6	7	0,8	1,01– 3,60
E_7	30	92	64	3,6	1,18
		6	6	0,9	0,88– 1,74
E_8	60	93	66	5,0	0,83
		3	7	1,5	0,62– 1,23
E_9	120	92	73	5,1	0,57
		6	12	2,2	0,43– 0,86
E_{10}	180	92	75	4,8	0,38
		6	10	2,1	0,24– 0,51

Tabelle 28. i.v.-Regionalanästhesie (Prilocain 2% mit Dextran B 1:1). Arterieller Mitteldruck *(MAP)*, Herzfrequenz *(HR)* und Methämoglobin *(Met-Hb)*, arithmetische Mittelwerte und Standardabweichung. Prilocain im Plasma, geometrische Mittelwerte und Streubreite

Zeit	[min]	MAP [mmHg]	HR [min^{-1}]	Met-Hb [%]	Prilocain [µg/ml]
E_1	0	94	71	0,9	0,17
		6	7	0,4	0,07– 0,33
E_2	1	90	74	–	10,08
		7	5	–	4,01–24,20
E_3	3	91	72	–	6,85
		6	6	–	2,23–16,85
E_4	5	93	70	0,9	5,35
		6	5	0,4	2,56– 9,41
E_5	10	94	71	1,8	3,24
		6	4	0,4	2,06– 5,18
E_6	20	94	70	2,7	2,03
		6	7	1,2	1,48– 2,72
E_7	30	93	68	3,5	1,67
		8	5	1,4	1,19– 2,25
E_8	60	94	71	4,9	1,21
		8	8	1,8	0,88– 1,54
E_9	120	94	76	5,1	0,75
		8	12	1,9	0,52– 1,03
E_{10}	180	93	79	4,7	0,52
		9	7	1,9	0,39– 0,66

Tabelle 29. i.v.-Regionalanästhesie (Prilocain 2% mit HES 1:1). Arterieller Mitteldruck *(MAP)*, Herzfrequenz *(HR)* und Methämoglobin *(Met-Hb)*, arithmetische Mittelwerte und Standardabweichung. Prilocain im Plasma, geometrische Mittelwerte und Streubreite

Zeit	[min]	MAP [mm Hg]	HR [min^{-1}]	Met-Hb [%]	Prilocain [µg/ml]
E_1	0	94	76	1,1	0,21
		8	5	0,3	0,11– 0,37
E_2	1	90	86	–	6,17
		6	12	–	1,57–33,50
E_3	3	91	80	–	5,65
		7	11	–	1,85–24,50
E_4	5	92	80	1,2	4,11
		7	15	0,3	1,68–13,29
E_5	10	91	74	1,9	2,94
		6	4	0,4	1,30– 7,03
E_6	20	92	72	2,9	1,90
		5	5	0,8	1,05– 3,12
E_7	30	94	71	3,8	1,58
		8	6	1,1	0,91– 2,69
E_8	60	92	74	5,3	1,08
		8	6	2,1	0,61– 1,89
E_9	120	93	78	5,5	0,75
		8	8	1,8	0,43– 1,20
E_{10}	180	92	76	5,0	0,51
		7	7	2,2	0,32– 0,82

Die Prilocainspiegel der Serie mit Dextranzusatz lagen durchgehend höher als beim Zusatz von HES zum Lokalanästhetikum, dieser Unterschied war jedoch nicht signifikant.

Die Methämoglobinspiegel (Abb. 24) wiesen zwar signifikante Veränderungen über die Zeit (p < 0,0001), jedoch keine Serien- oder Verlaufsunterschiede und damit keine Beeinflussungen durch den Kolloidzusatz oder die daraus resultierenden unterschiedlichen Prilocainplasmaspiegel auf. Die Ausgangswerte lagen im Normbereich (bis 1,5% des Gesamthämoglobins). Als Spitzen wurden Mittelwerte von 5–6% erreicht, der höchste Wert war 8,7% bei Verwendung einer Lösung ohne Kolloidzusatz.

Die Latenzzeiten bis zum Verlust des Schmerzempfindens auf „pin prick" waren für die einzelnen Meßreihen vergleichbar. Im folgenden werden die Werte in der Reihenfolge wiedergegeben:

- Prilocain 2% mit NaCl 1:1,
- Prilocain 2% mit Dextran B 1:1,
- Prilocain 2% mit HES 1:1.

Bei Auswertung der arithmetischen Mittelwerte und der Standardabweichung ergaben sich für den

- N. radialis: $4 \pm 1/4 \pm 1/4 \pm 1$ min,
- N. medianus: $4 \pm 1/3 \pm 1/3 \pm 2$ min,
- N. ulnaris: $4 \pm 2/3 \pm 1/4 \pm 1$ min.

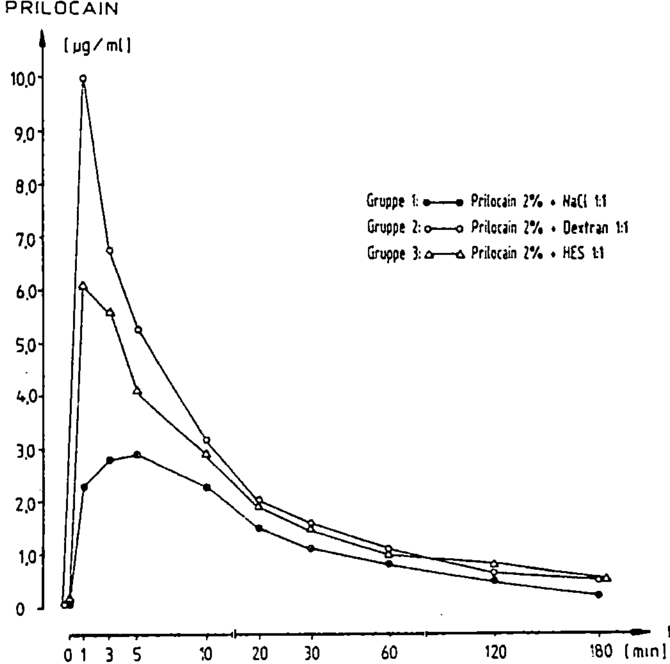

Abb. 23. Prilocainkonzentrationen im Plasma bei i.v.-Regionalanästhesie, Meßreihen 1–3 (n = 10), geometrische Mittelwerte. Die Konzentrationen der Meßreihen mit Kolloidansatz sind höher (p = 0,01) als die der Serie ohne Kolloidansatz, auch die Unterschiede im Verlauf sind deutlich (p = 0,002)

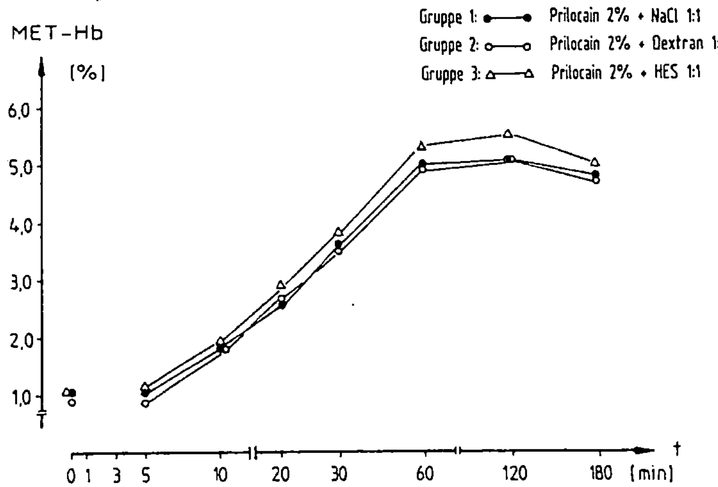

Abb. 24. Methämoglobinkonzentrationen *(MET-Hb)* bei i.v.-Regionalanästhesie, Meßreihen 1–3 (n = 10), arithmetische Mittelwerte. Es bestehen weder Gruppen- noch Verlaufsunterschiede

Die entsprechenden Zeiten für das Abklingen der Anästhesie nach Eröffnen der Blutsperre, definiert durch das Wiedereinsetzen des Schmerzempfindens auf „Pin prick", waren:

- N. radialis: $20 \pm 11/19 \pm 9/23 \pm 13$ min,
- N. medianus: $18 \pm 9/13 \pm 8/24 \pm 16$ min,
- N. ulnaris: $19 \pm 7/13 \pm 4/20 \pm 17$ min.

Auch hier bestanden keine Unterschiede zwischen den einzelnen Serien mit und ohne Kolloidzusatz.

Der arterielle Mitteldruck (Abb. 25) zeigte sowohl beim Vergleich der einzelnen Meßreihen als auch im jeweiligen Verlauf innerhalb der Gruppen über die Zeit ein ausgesprochen stabiles Verhalten. Das zugesetzte Kolloid hatte demnach ebensowenig einen Einfluß wie die Plasmaspiegel von Prilocain.

Bei signifikanten Veränderungen über die Zeit $(p < 0{,}0001)$ lag die Herzfrequenz (Abb. 26) in den Meßreihen mit Kolloidzusatz höher als beim Durchgang ohne Kolloidzusatz $(p = 0{,}005)$. Interaktionen im zeitlichen Verlauf waren nicht nachweisbar.

In allen Untersuchungsserien berichteten die Probanden über wechselnde subjektive Empfindungen nach Eröffnen der Blutsperre. Die Sensationen hielten in der Regel nur wenige Minuten an und wurden von den Versuchspersonen durchgehend als nicht bedrohlich empfunden. In der Folge wird die individuelle Symptomatik jedes Probanden zusammen mit der in dieser Meßreihe bestimmten zugehörigen Spitzenkonzentrationen für Prilocain im Plasma in gleichbleibender Reihenfolge wiedergegeben.

In der Meßreihe ohne Kolloidzusatz traten auf:

- Benommenheit, Schwindel, Schwerhörigkeit   → 1,80 µg/ml,
- Geschmacks- und Geruchssensationen, Schwerhörigkeit   → 2,37 µg/ml,

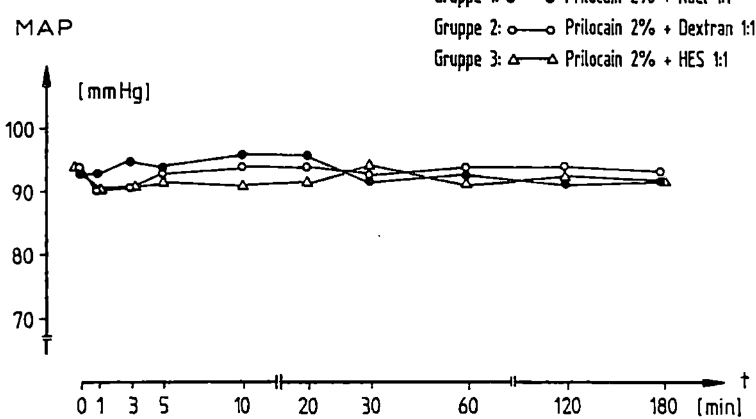

Abb. 25. Arterieller Mitteldruck *(MAP)* bei i.v.-Regionalanästhesie, Meßreihen 1–3 $(n = 10)$, arithmetische Mittelwerte. Es bestehen weder Gruppen- noch Verlaufsunterschiede

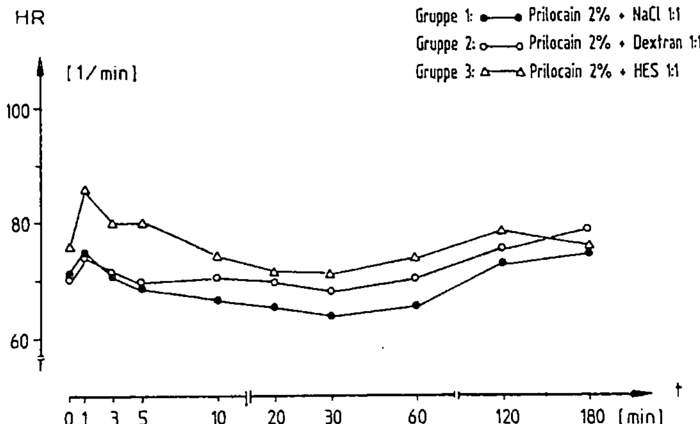

Abb. 26. Herzfrequenz *(HR)* bei i.v.-Regionalanästhesie, Meßreihen 1–3 (n = 10), arithmetische Mittelwerte. Die Werte der Meßreihen mit Kolloidzusatz liegen höher als die der Serie ohne Kolloidzusatz (p = 0,005)

- Taubheitsgefühl → 1,49 µg/ml,
- Benommenheit → 2,39 µg/ml,
- Parästhesien im Zungenbereich → 15,50 µg/ml,
- Schwerhörigkeit und Parästhesien im Hals- und Kopfbereich der Anästhesieseite, Kältegefühl → 2,44 µg/ml,
- keine subjektive Symptomatik → 1,67 µg/ml,
- Schwerhörigkeit, Wärmegefühl im Gaumenbereich → 2,64 µg/ml,
- Hyperakusis → 11,51 µg/ml,
- Benommenheit, Unwohlsein, Hörstörung → 10,78 µg/ml.

Demnach handelte es sich 7mal um akustische Sensationen, 3mal um eine leichte Benommenheit und 2mal um Parästhesien. Alle übrigen Symptome traten nur einmal auf.

In der Serie mit Zusatz von Dextran lauteten die Angaben:

- Schwerhörigkeit, Parästhesien im Zungenbereich → 5,74 µg/ml,
- Geschmacks- und Geruchssensationen, Schwerhörigkeit, symmetrische Parästhesien im Bereich der Beugeseiten beider Unterarme für 15 min → 5,00 µg/ml,
- Taubheitsgefühl, Parästhesien im Zungenbereich → 9,88 µg/ml,
- leichte Benommenheit → 17,14 µg/ml,
- Ohrensausen, Parästhesien im Zungenbereich → 4,09 µg/ml,
- Schwerhörigkeit, Parästhesien im Halsbereich, Kältegefühl → 24,20 µg/ml,
- Parästhesien im Bereich des Unterarms der Gegenseite → 20,21 µg/ml,
- Ohrdruck, Hitzegefühl im Oberkieferbereich, Parästhesien im Zungenbereich → 9,90 µg/ml,
- Hyperakusis, Benommenheit → 12,79 µg/ml,

- Benommenheit, Schwindelgefühl, Wärmegefühl im Gesichts-
  bereich, Parästhesien im Zungenbereich   → 9,00 µg/ml.

Die größte Häufigkeit wiesen die Parästhesien mit 8 Nennungen auf, gefolgt von akustischen Sensationen (7mal) und leichter Benommenheit (3mal).

Die Meßreihe mit Zusatz von HES ergab folgende Ergebnisse:

- Schwerhörigkeit, leichtes Schwindelgefühl, Parästhesien
  im radialen Bereich der Beugeseite des Unterarms
  der Gegenseite für 15 min   → 10,55 µg/ml,
- Geschmacks- und Geruchssensationen,
  Taubheitsgefühl, leichte Benommenheit   → 3,44 µg/ml,
- Taubheitsgefühl   → 10,51 µg/ml,
- leichte Benommenheit   → 4,31 µg/ml,
- Taubheitsgefühl   → 1,85 µg/ml,
- Taubheitsgefühl, Kältegefühl, Tremor   → 33,50 µg/ml,
- keine subjektive Symptomatik   → 2,22 µg/ml,
- Parästhesien im Gaumen- und Zungenbereich   → 2,08 µg/ml,
- Hyperakusis, Parästhesien im Lippenbereich, leichtes
  Schwindelgefühl   → 16,05 µg/ml,
- Benommenheit, Parästhesien im Gesichts-
  und Zungenbereich   → 32,59 µg/ml.

Auch hier waren die akustischen Sensationen mit 6 Nennungen führend, gefolgt von Parästhesien (4mal), Benommenheit (3mal) und Schwindelgefühl (2mal).

Die individuell höchsten Prilocainkonzentrationen lagen in einem Fall in der Meßreihe ohne Kolloidzusatz, in 4 Fällen in der Serie mit Zusatz von Dextran und in 5 Fällen in der Serie mit HES-Zusatz.

3.3.5 Periduralanästhesie

Die Ergebnisse der Patientengruppen mit Periduralanästhesie sind in den Tabellen 31–33 wiedergegeben.

Die Bupivacainspiegel im Plasma (Abb. 27) wiesen bei signifikanten Veränderungen innerhalb der Gruppen über die Zeit ($p < 0{,}0001$) weder Gruppen- noch Verlaufsunterschiede auf. Lediglich initial lagen die Werte in den Kollektiven mit Kolloidzusatz geringfügig niedriger als in der Vergleichsgruppe.

Die Latenzzeiten bis zum Verlust der Schmerzempfindung auf „pin prick" waren in den 3 Kollektiven vergleichbar, es sind die arithmetischen Mittelwerte und die Standardabweichung angegeben:

- *Patientengruppe 1*
  (Bupivacain 0,75%):   13 ± 4 min,

Tabelle 30. Biometrische Daten der Patientengruppen mit Periduralanästhesie. Arithmetische Mittelwerte und Standardabweichung bzw. Geschlechtsverteilung

Gruppe	Bupivacain 0,75%	Bupivacain 1,5% Dextran B 1:1	Bupivacain 1,5% HES 1:1
Alter (Jahre)	45±14	53±20	58±15
Größe [cm]	166± 8	169±13	165± 7
Gewicht [kg]	71± 9	71±13	72±13
Geschlecht (m.:w.)	4:6	4:6	3:7

Tabelle 31. Periduralanästhesie, Patientengruppe 1 (Bupivacain 0,75%). Arterieller Mitteldruck *(MAP)* und Herzfrequenz *(HR)*, arithmetische Mittelwerte und Standardabweichung. Bupivacain im Plasma, geometrische Mittelwerte und Streubreite

Zeit	[min]	MAP [mm Hg]	HR [min^{-1}]	Bupivacain [µg/ml]
E_1	0	107	77	–
		16	10	–
E_2	3	104	76	0,93
		15	11	0,41–2,30
E_3	5	106	75	0,97
		17	10	0,38–2,07
E_4	10	104	74	1,25
		18	11	0,62–2,75
E_5	20	98	71	1,14
		15	16	0,65–1,73
E_6	30	91	69	1,03
		18	14	0,70–1,71
E_7	45	95	71	0,85
		17	13	0,60–1,10
E_8	60	93	68	0,70
		24	15	0,38–0,97
E_9	90	95	71	0,54
		31	16	0,39–0,68
E_{10}	120	93	65	0,48
		21	11	0,29–0,65

– *Patientengruppe 2*
  (Bupivacain 1,5% mit Dextran B 1:1):   12±2 min,
– *Patientengruppe 3*
  (Bupivacain 1,5% mit HES 1:1):   12±1 min.

In den Gruppen 1 und 2 wurden bei je einem Patienten intraoperative Nachinjektionen nach Abschluß der Meßperiode notwendig. Bei den übrigen Patienten erfolgte die Bestimmung der Wirkdauer durch „pin prick" bis zum Wiedereinsetzen des Schmerzempfindens. Wiederum fanden sich keine signifikanten Unterschiede zwischen den Gruppen (arithmetische Mittelwerte und Standardabweichung):

Tabelle 32. Periduralanästhesie, Patientengruppe 2 (Bupivacain 1,5% mit Dextran B 1:1). Arterieller Mitteldruck *(MAP)* und Herzfrequenz *(HR)*, arithmetische Mittelwerte und Standardabweichung. Bupivacain im Plasma, geometrische Mittelwerte und Streubreite

Zeit	[min]	MAP [mm Hg]	HR [min^{-1}]	Bupivacain [µg/ml]
E_1	0	110	80	–
		18	21	–
E_2	3	101	77	0,75
		16	18	0,20–2,27
E_3	5	101	76	0,97
		16	16	0,35–2,42
E_4	10	98	76	1,01
		17	18	0,37–2,55
E_5	20	93	72	1,11
		16	20	0,66–2,49
E_6	30	90	73	1,08
		21	20	0,71–2,37
E_7	45	93	75	0,97
		27	17	0,56–2,05
E_8	60	91	74	0,85
		17	18	0,44–1,82
E_9	90	85	71	0,70
		15	16	0,44–1,37
E_{10}	120	86	74	0,62
		14	14	0,32–1,21

Tabelle 33. Periduralanästhesie, Patientengruppe 3 (Bupivacain 1,5% mit HES 1:1). Arterieller Mitteldruck *(MAP)* und Herzfrequenz *(HR)*, arithmetische Mittelwerte und Standardabweichung. Bupivacain im Plasma, geometrische Mittelwerte und Streubreite

Zeit	[min]	MAP [mm Hg]	HR [min^{-1}]	Bupivacain [µg/ml]
E_1	0	105	74	–
		10	14	–
E_2	3	97	74	0,70
		13	13	0,20–2,20
E_3	5	96	74	0,89
		13	13	0,30–3,34
E_4	10	90	73	1,12
		13	13	0,46–4,36
E_5	20	84	72	1,04
		17	13	0,59–2,33
E_6	30	85	70	0,94
		18	12	0,59–1,94
E_7	45	82	67	0,79
		14	12	0,49–1,88
E_8	60	82	69	0,65
		13	13	0,43–1,34
E_9	90	81	69	0,52
		12	16	0,25–1,38
E_{10}	120	88	67	0,42
		9	14	0,17–1,03

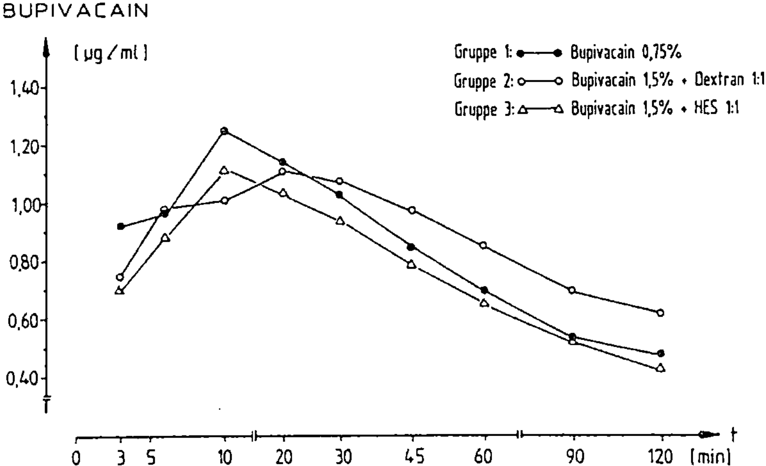

Abb. 27. Bupivacainkonzentrationen im Plasma bei Periduralanästhesie, Patientengruppen 1–3 (n = 10), geometrische Mittelwerte. Es bestehen weder Gruppen- noch Verlaufsunterschiede

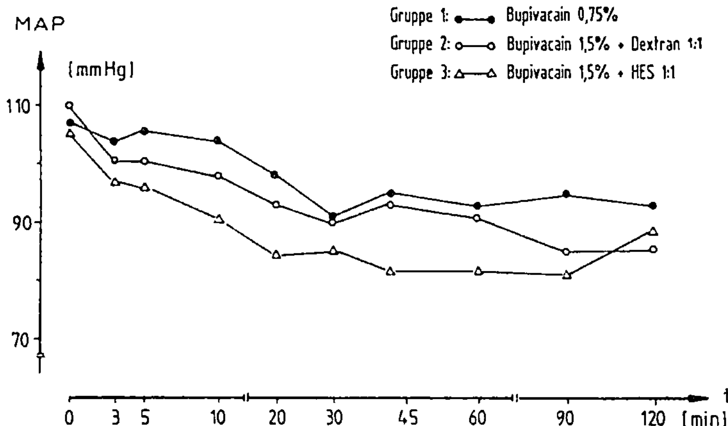

Abb. 28. Arterieller Mitteldruck *(MAP)* bei Periduralanästhesie, Patientengruppen 1–3 (n = 10), arithmetische Mittelwerte. Es bestehen weder Gruppen- noch Verlaufsunterschiede

- *Patientengruppe 1*
  (Bupivacain 0,75%): 332 ± 101 min,
- *Patientengruppe 2*
  (Bupivacain 1,5% mit Dextran B 1:1): 381 ± 47 min,
- *Patientengruppe 3*
  (Bupivacain 1,5% mit HES 1:1): 349 ± 58 min.

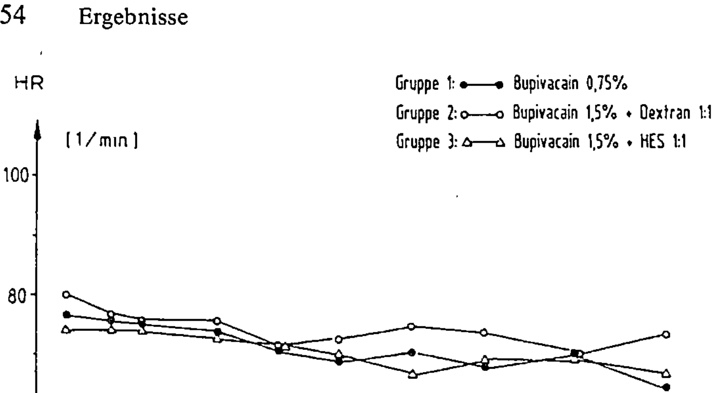

Abb. 29. Herzfrequenz *(HR)* bei Periduralanästhesie, Patientengruppen 1–3 (n = 10), arithmetische Mittelwerte. Es bestehen weder Gruppen- noch Verlaufsunterschiede

Der arterielle Mitteldruck wies innerhalb der Gruppen signifikante Veränderungen über die Zeit auf (p < 0,0001), bedingt durch einen Blutdruckabfall im Verlauf der Meßperiode (Abb. 28). Zwischen den Kollektiven waren weder Gruppen- noch Verlaufsunterschiede zu finden. Auch für die Herzfrequenz (Abb. 29) konnten Veränderungen innerhalb der Gruppen über die Zeit (p < 0,0001), jedoch wiederum keine Gruppen- oder Verlaufsunterschiede gesichert werden.

4 Diskussion

4.1 Diskussion der Methodik

4.1.1 Auswahl der Lokalanästhetika und Kolloide

In die Untersuchung wurden die Lokalanästhetika Lidocain, Mepivacain, Prilocain und Bupivacain aufgenommen, da diese klinisch etablierten Substanzen ein sehr weites Spektrum abdecken und die Durchführung aller in Frage kommenden Verfahren der Lokal- und Regionalanästhesie ermöglichen.

Die Auswahl der zu untersuchenden kolloidalen Substanzen gestaltete sich schwieriger. In erster Linie sollten die Kolloide über einen vergleichbaren initialen Volumeneffekt verfügen. Von großer Bedeutung war auch die Frage etwaiger Nebenwirkungen und damit die Möglichkeit einer Auslösung von Unverträglichkeitsreaktionen.

Die beiden ausgewählten Kolloide (6% Dextran 60, 10% HES 200/0,5) können von ihren pharmakologischen Kenndaten her als vergleichbar angesehen werden [113, 137, 171]. Der initiale Volumeneffekt der Dextranlösung beträgt 120-125%, für die HES-Lösung entsprechend 120-140%. Die effektive Volumenwirkdauer der Dextranlösung liegt bei 4-6 h, die der HES-Lösung bei 3-4 h.

Das Eliminationsverhalten von Dextran und HES ist dagegen verschieden [114]. Lindblad u. Falk [128] konnten beim Kaninchen Dextran 2 Monate nach der Exposition nicht mehr chemisch im Serum, HES dagegen noch nach Ablauf eines Jahres in der Leber gespeichert nachweisen. Die Substanz hatte dort zu deutlichen histologischen Veränderungen im Sinne einer abnormen Vakuolisierung geführt. Für Dextran war dies nicht der Fall. Jesch et al. [99] konnten eine Speicherung von HES in der menschlichen Leber noch 28 Tage nach der Infusion feststellen.

Unverträglichkeitsreaktionen sind nicht nur für alle künstlich hergestellten Kolloide [5, 72], sondern auch für natürliche Verbindungen wie Humanalbumin bekannt [173]. Für Plasmaproteinlösungen scheinen sie extrem selten zu sein [81]. Die im Zusammenhang mit kolloidalen Volumenersatzmitteln wie Dextran, HES und Gelatine auftretenden Unverträglichkeitsreaktionen stellen nach Ring u. Messmer [170] anaphylaktoide Reaktionen dar. Es handele sich um „unerwünschte Reaktionen des Organismus, die unter dem Bild der klassischen Anaphylaxie (zu starke Abwehrreaktion) ablaufen, die jedoch nicht ursächlich durch eine Antigen-Antikörper-Reaktion hervorgerufen sein müssen" [170]. Es werden folgende Schweregrade unterschieden [170]:

- I: Hautreaktion,
- II: Tachykardie, Blutdruckabfall, Dyspnoe oder Nausea,
- III: Schock,
- IV: Herz- und/oder Atemstillstand.

Diese Klassifikation hat sich im klinischen Gebrauch bewährt [125, 216].

Die einzelnen Kolloide können unterschiedliche Pathomechanismen aktivieren [171]. Im Fall von Dextran handelt es sich um eine allergische Disposition mit nachfolgender Antigen-Antikörper-Reaktion, zusätzlich um eine Komplementaktivierung [127]. Die Dextranantikörper können präformiert vorliegen und beruhen wahrscheinlich auf einer Auseinandersetzung des Immunsystems mit bestimmten bakteriellen Antigenen [88, 125, 169]. Gelatine führt zur Histaminliberation, daher hat sich der prophylaktische Einsatz von Antihistaminika im Rahmen der Prämedikation als wirksam erwiesen [133]. HES kann ebenfalls zur Komplementaktivierung führen, daneben sind auch Antikörper gegen HES mit sehr niedrigen Titern nachgewiesen worden [172].

Die Inzidenz kolloidbedingter Nebenwirkungen wurde von Ring u. Messmer [171] für Dextran 60 mit etwa 0,069% der Anwendungen angegeben, für HES betrug der Wert 0,085%. Die Häufigkeit des Auftretens von Reaktionen der Schweregrade III und IV überwog bei der Anwendung von Dextran (0,017% gegen 0,006%). Harrfeldt berichtete über ähnliche Ergebnisse [82]. Nach Schöning [180] liegt das Nebenwirkungspotential von HES dagegen bei 2,7%.

Das Risiko einer anaphylaktoiden Reaktion auf Dextran kann durch eine i.v.-Vorinjektion von niedermolekularem, monovalenten Haptendextran (Dextran 1, MG 1000) deutlich vermindert werden [144, 181, 182, 183]. Reaktionen vom Schweregrad IV sollen vollständig ausbleiben. Das zugeführte Hapten geht eine Bindung mit den entsprechenden Stellen der relevanten Antikörper ein und sättigt diese ab, ohne durch seine Monovalenz die Bildung größerer Immunkomplexe zuzulassen. Diese sind für die Initiierung der Folgereaktionen, wie Freisetzung von Mediatorsubstanzen und Komplementaktivierung, verantwortlich. Die Applikation von Dextran 1 vor Beginn einer Dextraninfusion muß heute als unerläßlich angesehen werden [10]. Ausnahmen stellen lediglich Patienten im Schock dar [126].

4.1.2 Allgemeine Labormethoden

Die Bestimmungen des pH-Wertes, der Viskosität [143], des onkotischen Druckes, der Osmolarität und der Kolloidkonzentrationen [71] erfolgten mit etablierten Verfahren, die als Standardmethoden anerkannt sind und keiner weiteren Diskussion bedürfen.

Die Ultrafiltration als Methode zur Abtrennung höhermolekularer Substanzen steht in Konkurrenz mit anderen Verfahren, insbesondere mit der Gleichgewichtsdialyse [145]. Auf die grundsätzliche Vergleichbarkeit von Gleichgewichtsdialyse und Ultrafiltration haben Kurz et al. [121] hingewiesen, andere Autoren machten auf die wesentliche Arbeitsvereinfachung bei Einsatz der Ultrafiltration aufmerksam [193].

Der Entschluß, die Frage der Bindung zwischen Kolloid- und Lokalanästheti-kamolekülen bzw. Adrenalinmolekülen mit Hilfe der Ultrafiltration zu prüfen, erfolgte aus 2 Gründen: Das Verfahren war einfach und schnell einsetzbar, dar-überhinaus war es methodisch vorteilhaft, da osmotisch bedingte Volumen-verschiebungen sicher zu vermeiden waren.

Studien zur Diffusionskapazität verschiedener Substanzen im Duramodell ha-ben Moore et al. [149] und Michaelis [146] vorgelegt. Die Aussagekraft der Un-tersuchungen blieb auf die Beurteilung reiner Diffusionsvorgänge beschränkt, da es sich um Leichendura handelte, und die „in vivo" vorliegenden Bedingungen damit nur unvollständig nachzuvollziehen waren. Es ist jedoch unbestritten, daß die Diffusion des peridural applizierten Lokalanästhetikums durch die Dura ma-ter die Wirkung einer Periduralanästhesie beeinflußt. Darauf haben u. a. Bro-mage [31] und Nolte [154] hingewiessen.

Für die vorliegende Untersuchung wurde das Duramodell [146] unverändert übernommen, um die Auswirkungen eines Kolloidzusatzes auf die bekannten Diffusionsvorgänge zu überprüfen. Die Untersuchung beschränkte sich auf Bu-pivacain, da diese Substanz in den späteren Patientenserien mit Periduralan-ästhesie Verwendung finden sollte und zur Zeit als Mittel der Wahl für dieses Verfahren gilt.

4.1.3 Bestimmung der Lokalanästhetika

Nach der photometrischen Methode zur Bestimmung von Lokalanästhetika [27] hat in der Folge der Nachweis mittels Gaschromatographie (GC) weite Verbrei-tung gefunden und kann als Standardverfahren angesehen werden. Die in der eigenen Abteilung benutzte Technik ist bei Biscoping u. Hempelmann [17] dar-gestellt.

In den letzten Jahren sind wiederholt auch Trennungsverfahren durch Hoch-druckflüssigkeitschromatographie (HPLC) für einzelne Substanzen beschrieben worden. Die Autoren bedienten sich unterschiedlicher Nachweisverfahren wie Ultraviolett- (UV) oder elektrochemischer Detektion (ECD).

Halbert u. Baldwin [79] benutzten eine für den Nachweis von Lidocain und seiner Metabolite optimierte Methode mit elektrochemischer Detektion, die über eine große Sensitivität verfügte. Die Nachweisgrenzen lagen unter 10 ng/ml. Im Vergleich damit erwies sich die Nachweisgrenze des eigenen Verfahrens mit un-ter 30 ng/ml als praktisch völlig ausreichend und hatte keinerlei limitierenden Effekt. Als Vorteil muß dagegen die Standfestigkeit des UV-Detektors im Ver-gleich mit einem elektrochemischen Detektor angesehen werden.

Die von Ha et al. [78] und Kennedy et al. [107] dargestellten Methoden dienten der Bupivacainbestimmung mit Hilfe der UV-Detektion unter Verwendung von Etidocain als internem Standard. Die methodischen Kenngrößen dieser beiden Verfahren (Wiederfindungsrate, Präzision in der Serie, Variationskoeffizient) wa-ren mit der eigenen Methode durchgehend vergleichbar.

Das für die vorliegende Studie entwickelte HPLC-Verfahren ermöglichte mit nur geringen methodischen Modifikationen die rationelle Bestimmung der kli-nisch gebräuchlichen Lokalanästhetika Lidocain, Mepivacain, Prilocain, Bupivacain und Etidocain. Die verwendete Anlage gestattete einen hohen Probendurchsatz ohne direkte Beaufsichtigung. Der Schwerpunkt des Personaleinsatzes lag bei der Probenaufbereitung.

4.1.4 Katecholaminbestimmungen

Die Bestimmung der Plasmakatecholamine stellte lange Zeit eine große methodische Herausforderung dar. Als erstes Routineverfahren fand vor etwa 40 Jahren der Nachweis mittels Fluoreszenzspektrophotometrie Verbreitung [8, 9, 45, 46, 134, 214]. Große Probenvolumina, mangelnde Spezifität und problematische Wiederfindungsraten ließen die Methode jedoch unbefriedigend erscheinen [92]. Die ab etwa 1968 in mehreren Abwandlungen verbreitete radioenzymatische Methode [55, 63, 64, 161] stellte einen wesentlichen Fortschritt dar. Sie ermöglichte zuverlässige Bestimmungen in geringsten Probenvolumina, war aber mit sehr großem Arbeitsaufwand verbunden.

Die Katecholaminbestimmung mittels Hochdruckflüssigkeitschromatographie und elektrochemischer Detektion (HPLC/ECD) fand ab etwa 1978 Eingang in die Literatur [80, 93] und kann heute als das modernste Verfahren bezeichnet werden [92]. Es erlaubt den Nachweis von Noradrenalin, Adrenalin und Dopamin sowie etwaiger Metabolite in Plasma, Liquor, Zellhomogenaten und Lösungen aller Art. Bei gleichen qualitativen Ergebnissen wie mit der radioenzymatischen Methode ist ein wesentlich rationelleres Arbeiten möglich geworden [93].

Die für die vorliegende Studie benutzte Technik [4] beruhte auf den Arbeiten von Causon et al. [40] sowie Bouloux et al. [25]. Optimale Ergebnisse sind jedoch nur bei Einhaltung bestimmter Bedingungen zu erwarten. Da die gemessenen Konzentrationen vom jeweiligen Entnahmeort abhängig sind [13, 23], sollten alle Blutentnahmen zur Katecholaminbestimmung entweder arteriell oder zentralvenös erfolgen. Daneben ist besondere Aufmerksamkeit auf die Kühlung und baldige Verarbeitung der Proben zu verwenden, da sie nur für einen Zeitraum von etwa 3 h stabil sind [67, 217].

4.1.5 Tierversuche

Untersuchungen am Modell des Rattenpfotenvolumens sind ein seit 50 Jahren etabliertes Standardverfahren zum Nachweis der Wirkung antiphlogistischer Substanzen auf die Ausbildung eines induzierten Pfotenödems [90]. Es wird nach wie vor für entsprechende Fragestellungen eingesetzt [62]. Die Methode wurde für die vorliegende Studie geringfügig modifiziert, um fortlaufende Kontrollen des Volumens eines einmalig gesetzten Depots zu ermöglichen. Problematisch war es dagegen, die nachzuweisenden Volumenveränderungen mit dem Verbleib des injizierten Lokalanästhetikums im Depot in Zusammenhang zu bringen. Eine radioaktive Markierung des Lokalanästhetikums hätte eine kontinuierliche Aktivitätsmessung über dem Depot erlaubt; jedoch reicht die Strahlung der für Forschungszwecke erhältlichen, mit Tritium oder Kohlenstoff markierten Substanzen für transkutane Messungen nicht aus. Mit der Einbringung eines härteren Strahlers in das Molekül wäre aber eine weitgehende Veränderung der gesamten Struktur des Lokalanästhetikums verbunden gewesen, die die Vergleichbarkeit mit der Originalsubstanz wieder in Frage gestellt hätte. Als Ausweg bot sich die einmalige Bestimmung der Plasmaspiegel nach Ablauf einer bestimmten Frist an, die nur empirisch zu bestimmen war. Bis zu diesem Zeitpunkt konnten begleitende Volumenbestimmungen erfolgen. Als kolloidale Substanz wurde für diesen Teil der Untersuchung HES ausgewählt, da HES bei den vorausgehenden Volumenmessungen über 2 h den schwächeren Effekt gezeigt hatte und rudimentäre entzündliche Phänomene durch den Dextranzusatz trotz der Verwendung dextraninsensitiver Tiere nicht mit letzter Sicherheit auszuschließen waren. Letztlich zwang auch die begrenzte Tierzahl zu dem geschilderten Vorgehen. Als Lokalanästhetikum diente Lidocain, das allgemein als Referenzsubstanz unter den Lokalanästhetika gilt.

Die histologische Befundung sollte Aufschluß über etwaige Veränderungen des Nervengewebes unter dem Einfluß der Kolloide geben. Einem Vorschlag von Ready et al. [165] folgend wurden die Tiere in definierten Abständen geopfert, um auch kurzfristige Effekte nachweisen zu können. Ein Beobachtungszeitraum von 14 Tagen erschien ausreichend [70].

4.1.6 Untersuchungen an Probanden und Patienten

Auf der Grundlage der „In-vitro-Befunde" sowie der Tierexperimente sollten die Untersuchungen an Probanden und Patienten praxisbezogene Schlußfolgerungen erlauben. Das Spektrum umfaßte neben der Infiltrationsanästhesie die axilläre Plexusanästhesie, die intravenöse Regionalanästhesie sowie die Periduralanästhesie. Diesen Verfahren wurden jeweils die Lokalanästhetika zugeordnet, die als typisch für den speziellen Einsatzbereich gelten konnten. Der Schwerpunkt lag auf der Beobachtung der Plasmakonzentrationen sowohl der Lokalanästhetika als auch des etwaigen Adrenalinanteils der Lösung. Daneben sollten nach Möglichkeit als weitere klinische Parameter die Anschlagzeit, die Wirkdauer sowie im Fall von Prilocain die Methämoglobinbildung erfaßt werden.

Für den speziellen Ansatz dieser Arbeit wurde auf die Durchführung von Spinalanästhesien verzichtet. Das Verfahren stellt durch Einbringen des Lokalanästhetikums in ein biologisch einmaliges und nicht vergleichbares Kompartiment besondere Anforderungen an die Gewebsverträglichkeit der eingesetzten Substanzen [48, 166].

Mit der Verträglichkeit von intrathekal applizierten Lösungen haben sich zahlreiche Studien befaßt, die jeweiligen Untersuchungen erfolgten sowohl „in vitro" [21, 148] als auch im Tierversuch [30, 118, 122, 150]. Auch Austauschprozesse zwischen dem Plasma und der Zerebrospinalflüssigkeit konnten nachgewiesen werden, z. B. für Dextran [179]. Die Ergebnisse blieben in ihrer Wertigkeit jedoch umstritten [48].

Die intrathekale Verträglichkeit von Dextran und HES kann trotz der entsprechenden Untersuchung von Curelaru et al. [51] an 22 Patienten nicht als gesichert betrachtet werden. Sowohl der mit dieser Studie abgedeckte Zeitraum von nur 168 h als auch das beobachtete Kriterium (Veränderungen des Liquors) schränken die Aussagekraft stark ein.

Der Zusatz von Adrenalin in Lösungen zur Spinalanästhesie ist in den angelsächsischen Ländern verbreitet. Die angestrebte Verlängerung bzw. Verbesserung der Wirkung wurde kontrovers diskutiert [2, 41, 42, 56, 164, 212]. Bromage et al. [32] sowie Collins et al. [47] konnten einen analgetischen Eigeneffekt von Adrenalin am Rückenmark nachweisen. Im deutschen Sprachraum ist der Adrenalinzusatz unüblich, da u.a. spinale Durchblutungsstörungen befürchtet werden. Smith et al. [192] fanden diese Bedenken in Versuchen an der Katze nicht bestätigt, die Ergebnisse können jedoch nicht ohne weiteres auf den Menschen übertragen werden.

Neben der Frage etwaiger Zusätze ist die Durchführung einer Spinalanästhesie von zahlreichen weiteren Faktoren wie der Wahl des Lokalanästhetikums [132], der Lagerung und dem Injektionsvolumen [97] sowie der Konzentration eines etwaigen Glukosezusatzes [16] abhängig. Letztlich sind für dieses Verfahren nur geringe Lokalanästhetikamengen notwendig, so daß die angestrebte Verminderung der resorptionsbedingten Plasmaspiegel als praktisch weitgehend unerheblich eingeschätzt werden muß.

Zur Infiltrationsanästhesie wurde Lidocain mit und ohne Zusatz von Adrenalin benutzt, da bei dieser Technik das Arbeiten in einem blutarmen Operationsfeld von besonderer Bedeutung ist. Dadurch war eine Ausdehnung der Untersuchung auf insgesamt 7 Patientengruppen erforderlich, um die Einflüsse von Adrenalin, Dextran und HES auf die Resorptionskinetik differenzieren zu können. Die Kontrollgruppe diente zum Nachweis der endogenen Katecholaminspiegel.

Für die Untersuchungen in axillärer Plexusanästhesie waren 3 Gruppen ausreichend, da das für diese Technik übliche Mepivacain ganz überwiegend ohne Adrenalin eingesetzt wird. Studien mit Zusatz von Adrenalin sind in der Literatur nur vereinzelt zu finden [215]. Neben Mepivacain werden aber auch Bupivacain [20], Prilocain [36] und Lidocain [198] zur Plexusanästhesie benutzt. Das technische Vorgehen entsprach den heute üblichen klinischen Bedingungen, ohne daß damit Mißerfolge absolut sicher zu vermeiden wären [74, 160, 189].

Die i.v.-Regionalanästhesie im Bereich der oberen Extremität ist ein häufig geübtes Verfahren mit ganz bestimmter chirurgischer Indikation [44]. Die Wirkung beruht neben der partiellen Blockade großer proximaler Nervenäste auf der Leitungsunterbrechung im Bereich peripherer Nervenäste [203]. Wegen der pharmakokinetischen Besonderheiten des Verfahrens [61, 207] und möglicher schwerwiegender Komplikationen [65, 77, 87] ist neben der Einhaltung allgemeiner technischer Vorsichtsmaßnahmen [76] die Auswahl des Lokalanästhetikums von besonderer Bedeutung. Es besteht heute Einigkeit darüber, daß Prilocain wegen seiner relativ geringen Toxizität für diese Anästhesieform das Mittel der Wahl darstellt [142, 204, 206].

Die Untersuchung von Probanden war die Voraussetzung für die Einhaltung einer einheitlichen Ischämiezeit. Durch die 3malige Untersuchung jeder Versuchsperson war zudem eine möglichst große Vergleichbarkeit der Serien sichergestellt. Die simultane Bestimmung der Methämoglobinspiegel erlaubte die Erfassung eines weiteren, indirekten Resorptionsparameters.

Zur Periduralanästhesie wurde Bupivacain eingesetzt, daß in dieser Indikation weite Verbreitung gefunden hat, aber daneben auch für andere Techniken benutzt wird [219]. Die gewählte Konzentration von 0,75% ist dagegen nicht unumstritten und wird nach wie vor kontrovers diskutiert [155]. Der Zusatz von CO_2 sowie der Einfluß unterschiedlicher Injektionstemperaturen waren bereits Gegenstand klinischer Untersuchungen [98]. Mit den Auswirkungen von Adrenalin auf die Resorptionskinetik peridural applizierter Substanzen hat sich eine ganze Reihe von Publikationen befaßt [37, 89, 111, 135, 147, 158, 184], ohne daß sich dieser Zusatz letztlich durchzusetzen vermochte.

Wie die axilläre Plexusanästhesie muß auch die Periduralanästhesie als ein Verfahren gelten, daß auch bei Einhaltung aller Regeln mit einer gewissen Versagerquote belastet ist [54].

4.2 Diskussion der Ergebnisse

4.2.1 Untersuchungen „in vitro"

Der Einfluß des pH-Werts auf die Wirksamkeit von Lokalanästhetika ist seit Jahren Gegenstand der Diskussion. Nach Covino [50] wird bei Verwendung karbonierter Lokalanästhetika durch die Diffusion von CO_2 in das Axoplasma der Nervenzelle der intrazelluläre pH-Wert gesenkt und damit der in kationischer Form vorliegende, wirksame Anteil des Lokalanästhetiums erhöht. Zusätzlich verbleibe die kationische Form länger intrazellulär. In Untersuchungen an isolierten Froschnerven konnte Catchlove [39] diese Effekte nachweisen. In der Folge sind wiederholt auch entsprechende klinische Studien vorgelegt worden [58, 60, 117, 141]. Bokesch et al. [22] wiesen darauf hin, daß die Steigerung der Wirksamkeit von Lidocainlösungen durch den Zusatz von CO_2 auf einem spezifischen Mechanismus beruhen müssen, da HCl nicht über die gleiche Potenz verfüge.

Der wirkungsverlängernde Einfluß des Dextranzusatzes in der Lokalanästhesie wurde von Rosenblatt et al. [175, 177, 178] mit einer Alkalisierung der Lösung in Zusammenhang gebracht. Auch der von Ueda et al. [210] nachgewiesene verstärkende Einfluß von Lidocain auf die Resorption des Adrenalinanteils einer Lokalanästhesielösung wurde von Sosis u. Temple [194] auf den veränderten pH-Wert der Mischung zurückgeführt. In seiner Entgegnung räumte Ueda [209] dies als eine unter mehreren Erklärungsmöglichkeiten ein. Die von ihm benutzte Adrenalinlösung wies einen pH-Wert von 6,1 auf, die entsprechende Lidocainlösung mit Zusatz von Adrenalin hatte einen Wert von 4,9.

Die in der eigenen Studie benutzte Lidocainlösung mit Adrenalinzusatz hatte einen pH-Wert von 3,8 und damit den niedrigsten Wert aller untersuchten Lösungen. Der Zusatz von Dextran oder HES bewirkte bei keiner der insgesamt 15 gebrauchsfertigen Lösungen eine wesentliche Veränderung des pH-Werts. Damit scheiden entsprechende Einflüsse als Erklärungsmöglichkeit für das unterschiedliche Resorptionsverhalten aus.

Die durch die Kolloide bedeutend erhöhte relative Viskosität der Lösungen mit den jeweils höchsten Werten durch den Zusatz von HES kann lediglich als beschreibendes Kriterium gewertet werden. Alle Lösungen wiesen jedoch eine wesentlich geringere relative Viskosität als Blut auf, das als physiologischer Parameter in diesem Bereich als Maßstab gelten kann.

Die Osmolarität der verwendeten Lösungen war ebenfalls vergleichbar, sie können als weitgehend isoosmolar angesehen werden.

Der onkotische Druck wurde durch den Zusatz von Dextran deutlicher erhöht als durch den von HES, während die Lösungen ohne Kolloidzusatz Werte um 0 aufwiesen. Der onkotische Druck muß als relevanter substanzspezifischer Parameter der kolloidhaltigen Lösungen angesehen werden.

Die klinische Beobachtung, daß der Zusatz von Dextran die Wirkung einer Lokalanästhesie verlängert, warf die Frage nach dem Wirkmechanismus auf. Neben dem oben erwähnten Einfluß des pH-Wertes wurden auch andere Erklärungsmöglichkeiten herangezogen.

Dahn [53] sah in „kolloidaler Bindungsfähigkeit und Viskosität", Hohmann [94, 95] allein in der Viskositätserhöhung der Lösung die Ursache. In seinen ersten ausführlichen klinischen Mitteilungen gab Loder [129, 130] keine Erklärung für die durch den Dextranzusatz bedingte Wirkungsverlängerung. Chinn u. Wirjoatmadja [43] postulierten 1967 erstmals die Bildung lockerer Komplexe zwischen den Makromolekülen des Dextrans und den Molekülen des Lokalanästhetikums. Dieser Theorie schlossen sich auch Aberg et al. [1] an. Die zu diesem Zweck durchgeführten Löslichkeitsuntersuchungen waren jedoch methodisch unbefriedigend und nicht standardisiert, die Schlußfolgerungen daher nicht zwingend. Eine eigentliche Komplexbildung konnte nicht direkt nachgewiesen werden. In der Folge führten Hassan et al. [85, 86] wiederum den Viskositätsanstieg als ursächlich an. Nolte et al. [156] sowie Kaplan et al. [103] betrachteten den Wirkmechanismus dagegen als nicht geklärt. Loder [131] vermutete 1980 als Ursache physikalische Phänomene, ohne diese näher zu präzisieren.

Rosenblatt u. Fung [17] konnten 1980 durch Dialyseversuche nachweisen, daß der Zusatz von Dextran 40 keinerlei Einfluß auf den Dialysevorgang vergleichbarer Bupivacainlösungen hatte. Scurlock u. Curtis [187] setzten die Gleichgewichtsdialyse sowie verschiedene Filtrationsverfahren mit Verwendung von radioaktiv markiertem Lidocain und niedermolekularem Dextran ein und kamen zu den gleichen Ergebnissen.

Durch die in der vorliegenden Studie erstmals verwendete Ultrafiltration mit direkter Bestimmung der relevanten Substanzen im Ultrafiltrat konnte eine Komplexbildung sowohl zwischen den Kolloiden und dem Lokalanästhetikum als auch zwischen den Kolloiden und dem Adrenalinanteil der Lösung ausgeschlossen werden. Die Resultate stimmen mit den Befunden von Rosenblatt u. Fung [17] sowie Scurlock u. Curtis [187] überein.

In gewissem Gegensatz zu diesen Ergebnissen konnten Borchardt et al. [24] mit Hilfe der Gleichgewichtsdialyse eine geringfügige Bindung von Articain und Tetracain an verschiedene Dextran- und HES-Lösungen nachweisen. Sie lag mit Werten von 10–12% jedoch weit unter denen der entsprechenden Plasmaproteinbindung. Zudem waren die Autoren aus methodischen Gründen gezwungen, osmotisch bedingte Flüssigkeitsverschiebungen rechnerisch auszugleichen.

Die Untersuchungen am Duramodell haben die durch Ultrafiltration gewonnenen Ergebnisse an einer biologisch relevanten Membran bestätigt. Auch hier hatten die kolloidalen Zusätze keinerlei Einfluß auf das Diffusionsverhalten der eingesetzten Lösungen, auch nicht im Sinne einer Beeinträchtigung der Schrankenfunktion der Dura mater.

Der resorptionsmindernde Effekt der eingesetzten Kolloide konnte demnach „in vitro" nicht ausreichend geklärt werden und machte weitere tierexperimentelle Untersuchungen notwendig.

4.2.2 Tierversuche

Aberg et al. [1] konnten 1978 nachweisen, daß durch den Zusatz von Dextran zu Mepivacainlösungen die letale Dosis (LD_{50}) für Mäuse bei i.v.-Injektion nicht beeinflußt wurde, während bei subkutaner Injektion der Zusatz von Dextran einen protektiven Effekt hatte. Weiter konnten die Autoren zeigen, daß die Wirkung einer Infiltrationsanästhesie am Meerschweinchen durch den Zusatz von Dextran verlängert werden konnte. Ebenfalls am Meerschweinchen führten sie den Nachweis, daß radioaktiv markiertes Mepivacain bei Zusatz von Dextran länger am Injektionsort verblieb als ohne diesen Zusatz. Diese Bestimmungen konnten wegen der notwendigen Aufarbeitung des Gewebes nur einmalig zu einem definierten Zeitpunkt vorgenommen werden.

Zahlreiche Autoren haben die Wirkungsverlängerung bei Einsatz dextranhaltiger Lösungen im Tiermodell untersucht, in der Regel an Leitungsanästhesien der Ratte [33, 34, 52, 85, 176, 178, 187]. Die Ergebnisse dieser Studien, die sich ausschließlich auf die Wirkdauer der Anästhesie unter Benutzung verschiedener Dextrane bezogen, blieben uneinheitlich. Hassan et al. [84, 85, 86] prüften neben verschiedenen Dextranen auch Hydroxypropylstärke sowie Hyaluronsäure, diese Versuche wurden von Johansson et al. [100] am Menschen fortgesetzt. Kircha et al. [110] untersuchten am Modell des Infraorbitalblocks der Ratte den Einfluß der Hypoosmolarität einer Lidocainlösung auf deren Wirkdauer.

Die in dieser Studie vorgestellten Tierversuche dienten nicht der erneuten Prüfung der Wirkungsverlängerung unter Zusatz der Kolloide. Die Untersuchungen sollten vielmehr den Mechanismus aufklären, der der am Menschen in einer Pilotstudie bereits nachgewiesenen Resorptionsverzögerung zugrundelag.

Nach der zu prüfenden Hypothese sollte die verzögerte Resorption der mit Dextran oder HES versetzten Lokalanästhetika auf einem durch das hyperonkotische Kolloid ausgelösten Einstrom von extrazellulärer Flüssigkeit in das gesetzte Depot beruhen, der damit gleichzeitig eine vorübergehende Hemmung des Abtransports der im Depot applizierten Substanzen auslöst. Der verminderte Abtransport sollte sowohl durch den entgegengerichteten Flüssigkeitseinstrom in das Depot als auch durch einen hydrostatisch zu erklärenden durchblutungsmindernden Effekt bewirkt werden. Somit wurde nach Ausschluß der relevanten chemischen Phänomene nunmehr das Augenmerk auf physikalische Vorgänge gerichtet.

Die Ergebnisse am Modell des Rattenpfotenvolumens zeigen klar, daß die gesetzten Depots mit Kolloidzusatz nicht nur langsamer eliminiert wurden als die Kontrollen ohne Kolloid, sondern daß darüber hinaus ein zusätzlicher initialer Flüssigkeitseinstrom in das Depot nachweisbar war, der auf den Kontrollseiten

vermißt wurde. Die gewählte Technik war dabei gut mit einer Infiltrationsanästhesie zu vergleichen. Der initiale Volumeneffekt war bei Verwendung von
Dextran größer als bei Zumischung von HES, diese Ergebnisse stehen mit dem
höheren onkotischen Druck der dextranversetzten Lösungen im Einklang.

Die Kontrolle der Volumina allein hätte noch keinen zwingenden Schluß auf
den Verbleib des applizierten Lokalanästhetikums erlaubt. Dieser Zusammenhang konnte erst durch die Bestimmung der Lidocainspiegel im Plasma nachgewiesen werden. Die signifikant niedrigeren Konzentrationen bei Zusatz von
HES zur Lidocainlösung beweisen, daß die Volumenveränderungen mit einem
entsprechend unterschiedlichen Resorptionsverhalten einhergehen.

Durch die histologischen Untersuchungen konnten Markscheidenuntergänge,
entzündlich-zellige Infiltrate und grobe Strukturalterationen des Nervengewebes
durch die Kolloidzusätze ausgeschlossen werden. Trotz des seit etwa 30 Jahren
erfolgenden, wenn auch nur gelegentlichen Einsatzes von Dextran in der Regionalanästhesie waren entsprechende Studien bisher in der Literatur nicht bekannt. Die durch die Kolloide ausgelösten Flüssigkeitsverschiebungen hätten einen Einfluß auf die Nervenstrukturen immerhin möglich erscheinen lassen.

Es konnte demnach festgestellt werden, daß nicht chemische Bindungspro-
zesse zwischen den Kolloiden und den Lokalanästhetika, sondern physikalische
Phänomene für den beobachteten Kolloideffekt verantwortlich waren. Bedingt
durch den erhöhten kolloidosmotischen Druck führten die Lösungen mit Zusatz
von Dextran oder HES zu einem in das gesetzte Depot gerichteten Flüssigkeitseinstrom, der damit gleichzeitig den Abtransport der applizierten Substanzen
verminderte. Neben dem einwärts gerichteten Flüssigkeitsstrom muß ursächlich
weiterhin eine hydrostatisch bedingte Drosselung der Gewebsdurchblutung an-
genommen werden. Dies führte zu einer protrahierten Resorption mit entsprechend verringerten Plasmakonzentrationen. Diese Phänomene sind an intakte
„In-vivo-Bedingungen", insbesondere an eine funktionstüchtige Blut-Gewebs-
Schranke sowie an straffe Gewebsverhältnisse gebunden.

4.2.3 Untersuchungen an Probanden und Patienten

Die bisher an Patienten durchgeführten Studien über die Wirksamkeit eines
Dextranzusatzes bezogen sich regelmäßig auf klinische Beobachtungen, insbesondere auf die Bestimmung der Wirkdauer einer Lokalanästhesie.

May [139] berichtete 1951 über seine Erfahrungen mit einer „Macrodex-Veritol-Plombe" zur Behandlung des „extremen peripheren Kreislaufkollapses".
Dahn [53] beschrieb 1953 die protrahierte Wirkung einer Periduralanästhesie
nach Zumischung von Dextran. Die Erfahrungen von Hohmann [94] bezogen
sich ebenfalls auf ein größeres Klientel in Periduralanästhesie, teilweise mit zusätzlicher Beimischung von Noradrenalin zur Lösung [95].

Erst die im Jahre 1960 und 1962 von Loder [129, 130] vorgelegten Ergebnisse
fanden im anästhesiologischen Bereich Beachtung und führten zu weiteren Studien. Chinn u. Wirjoatmadja [43] bezifferten 1967 die objektive Wirkungsverlängerung durch den Zusatz von Dextran zu einer Tetracainlösung bei Ulnarisblok-
kaden auf 10–20%, der subjektive Effekt habe noch länger angehalten. Nolte et

al. [156] berichteten über positive Erfahrungen bei 12 Ulnarisblockaden an Probanden unter Verwendung von Mepivacain mit und ohne Adrenalin. Knorr [112] konnte dagegen keinen Nutzen des Dextranzusatzes bei Infiltrationsanästhesien mit Mepivacain am Unterarm feststellen. Bei Verwendung von verschiedenen Lokalanästhetika für Ulnarisblockaden am Handgelenk fand Krömer [119] einen deutlichen positiven Einfluß von Dextran bei Einsatz von Mepivacain, Procain und Lidocain, während die Wirkungsverlängerung bei Bupivacain nur sehr gering ausfiel. Niemer [152] konnte einen additiven Effekt des Dextran- und Adrenalinzusatzes bei Ulnarisblockaden mit Mepivacainlösungen belegen. Steiger [195] wies darauf hin, daß die Wirkungsverlängerung durch Dextran an die Molekülgröße der eingesetzten Stubstanz gebunden sei. Damit wurde erstmals der Blick auf die Bedeutung des Molekulargewichts des jeweiligen Dextrans gelenkt.

Kaplan et al. [103] setzten 1975 ein niedermolekulares Dextran (Dextran 40) als Zusatz zu Bupivacain 0,75% bei Interkostalblockaden ein. Nach ihren Erfahrungen lag die mittlere Wirkdauer dieser Lösung bei 36 h, bei alleiniger Anwendung von Bupivacain betrug sie weniger als 12 h. Die Versuche von Aberg et al. [1] bei zahnärztlichen Infiltrationsanästhesien verliefen dagegen negativ; ein Phänomen, daß die Autoren in mangelnder Diffusionskapazität der Lösung begründet sahen, die zum Wirkort hin eine Penetrationsbarriere zu überwinden hatte. Positive Erfahrungen wurden bei Interkostalblockaden mit Bupivacain [28], Parazervikalblockaden mit Procain [197] sowie Infiltrationsanästhesien für Herniotomien unter Verwendung von Bupivacain mit Zusatz von Adrenalin und Dextran 110 [190] gemacht. Kingsnorth et al. [109] fanden dagegen bei Verwendung von Bupivacain zur Infiltrationsanästhesie bei Herniotomien keine Verlängerung der Wirkung durch Zusatz von Dextran 40. Navaratnarajah u. Davenport [151] wiesen 1985 nochmals auf die Bedeutung des Molekulargewichts hin. Sie konnten bei Verwendung von Dextran 150 und von Bupivacain mit Adrenalinzusatz für Infiltrationsanästhesien im Inguinalbereich eine deutlich längere Wirkdauer als bei Verwendung von Dextran 60 nachweisen.

Wie in der Einführung bereits dargelegt, haben Ueda et al. [210, 211] im Jahr 1985 die Fragestellung erstmals unter dem Gesichtspunkt der Resorptionskinetik eines Inhaltsstoffes der applizierten Lokalanästhesielösung am Patienten untersucht. Durch Zusatz von Adrenalin und Bestimmung der entsprechenden Katecholaminspiegel konnten sie nachweisen, daß Dextran die Resorption des Adrenalinanteils der Lösung verminderte. Lidocain andererseits verstärkte die Adrenalinresorption, nach Meinung der Autoren durch einen vasodilatierenden Effekt. Dieser konnte wiederum durch den Dextranzusatz abgeschwächt werden. Die Messungen sind jedoch nicht unter standardisierten Narkosebedingungen erfolgt. Der relativ kurze Beobachtungszeitraum von 30 min, der von den Autoren nicht näher bezeichnete Entnahmeort der Proben sowie die Bestimmung der Katecholamine mit der als unzuverlässig geltenden fluorimetrischen Methode [92] schränken die Aussagekraft ein.

Die eigenen Untersuchungen an Probanden und Patienten knüpften an die bisher geschilderten Ergebnisse an. Im Vordergrund stand jedoch nicht mehr die Beobachtung der Wirkdauer einer Lokalanästhesie, sondern erstmals die Bestimmung der resorptionsbedingten Plasmaspiegel der Lokalanästhetika, ggf. unter gleichzeitiger Bestimmung der Resorptionsparameter eines Adrenalinzusatzes im Sinne eines internen Standards.

Die Untersuchung der Patientengruppen mit Infiltrationsanästhesie hat zu eindeutigen Ergebnissen geführt. Der alleinige Zusatz von Dextran oder HES bewirkte eine signifikante Resorptionsverzögerung von Lidocain, die Wirkung von Dextran war dabei etwas ausgeprägter. Dies steht im Einklang mit dem höheren onkotischen Druck dieser Lösung sowie den tierexperimentellen Befunden.

Der Einsatz von Adrenalin allein hatte keinen wesentlichen Einfluß auf die Lidocainresorption. Diese Befunde stehen im Gegensatz zu den Ergebnissen anderer Autoren, die jedoch einer differenzierten Betrachtung bedürfen.

Die von Stoelting [196] ermittelten Lidocainwerte nach subkutaner Infiltration der Kopfhaut lagen durchgehend niedriger, es wurden jedoch sehr unterschiedliche Lidocain- und Adrenalinkonzentrationen benutzt. Braid u. Scott [27] konnten eine verminderte Lidocainresorption durch Zusatz von Adrenalin bei Interkostalblockaden und Periduralanästhesien nachweisen, sie setzten Adrenalin allerdings in einer Konzentration von 1:80 000 ein. Die Lidocainkonzentrationen der eigenen Untersuchung stimmen im Verlauf mit den Ergebnissen von Kanto et al. [102] überein.

Als toxischen Grenzwert nahmen Braid u. Scott [27] eine Konzentration von 10 µg Lidocain/ml Plasma an. Mazze u. Dunbar [140] hielten dagegen ebenso wie Axelsson u. Widman [11] schon Plasmaspiegel von etwa 5 µg/ml für ausreichend zur Auslösung toxischer Symptome. Die eigenen Ergebnisse zeigen, daß die letztgenannten Konzentrationen sowohl in den Gruppen ohne Kolloidzusatz als auch bei ausschließlicher Beimischung von Adrenalin im Einzelfall deutlich überschritten wurden. Bei Verwendung der Kolloide konnte dies vermieden werden.

Der Zusatz der Kolloide in Kombination mit Adrenalin führte zu einer weiteren, ganz entscheidenden Verminderung der Lidocainspiegel im Plasma. Initial lagen die Konzentrationen nur bei etwa 10% der Werte ohne Kolloidzusatz. Dextran oder HES waren in dieser Kombination gleichstark wirksam.

Der Einfluß der Kolloidzusätze auf die Lidocainresorption hat sich nicht nur im statistischen Mittel, sondern, unter Beachtung der in den Ergebnistabellen wiedergegebenen Maximalkonzentrationen, auch im Einzelfall deutlich niedergeschlagen. Es ist von ganz erheblicher Bedeutung für die klinische Anwendung, daß der beschriebene Kolloideinfluß für den Einzelpatienten vorhersehbar in Rechnung gestellt werden kann.

Auch die Resorption des Adrenalinanteils der Lösung wurde durch den Kolloidzusatz sehr deutlich verzögert. Diese Aussage trifft wiederum nicht nur für das statistische Mittel, sondern auch für den Einzelfall zu. Der Einfluß von Dextran und HES war erneut gleichwertig.

Diese Ergebnisse stimmen prinzipiell mit den von Ueda et al. [211] für Dextran ermittelten Werten überein. Die japanische Arbeitsgruppe hatte allerdings eine geringere Adrenalinkonzentration (1:200 000) gewählt, dies muß bei der Betrachtung der dementsprechend niedrigeren Mittelwerte berücksichtigt werden. Die resorptionsbedingten Adrenalinspiegel der Gruppen ohne Kolloidzusatz stimmen unter Beachtung der applizierten Dosis und des Injektionsortes weitgehend mit sonstigen Angaben in der Literatur überein [12, 49, 59, 200, 202].

Von erheblicher Bedeutung ist die Frage, wie die resorptionsbedingten Adrenalinspiegel klinisch zu werten sind. In den Gruppen ohne Kolloidzusatz lagen sowohl die Mittelwerte als auch die jeweiligen Maximalwerte bis zum 10fachen höher als bei Eingriffen in Allgemeinanästhesie ohne Einsatz adrenalinhaltiger Lokalanästhesielösungen [4]. Es wurden zum Teil Konzentrationen erreicht, wie sie sonst nur bei Patienten mit Phäochromozytom bekannt sind [23].

In den Gruppen mit Kolloidzusatz waren die resorptionsbedingten Adrenalinspiegel dagegen mit den intraoperativen Werten im Verlauf einer Allgemeinanästhesie mit volatilen Anästhetika vergleichbar [4]. Dies ist von wesentlicher Bedeutung für den Einsatz dieser Lösungen in Kombination mit volatilen Anästhetika, der bisher als weitgehend kontraindiziert galt. Bei Verwendung der kolloidalen Zusätze verbleiben die Adrenalinkonzentrationen im Plasma in einem Bereich, der für diese Verfahren ohnehin zu erwarten ist.

Die Noradrenalinwerte der Patientengruppen mit Infiltrationsanästhesie können als Beleg für einen weitgehend ungestörten Narkoseverlauf auch unter der Einwirkung von chirurgischem Streß gelten [57, 162]. Auch die Adrenalinspiegel der Gruppen ohne Zusatz von Adrenalin in der Lokalanästhesielösung sowie die Werte der Kontrollgruppe stützen diese Aussage. Die Konzentrationen müssen als ausgesprochen niedrig eingeschätzt werden. Dies resultiert einmal aus der zur Anwendung gekommenen modifizierten Neuroleptanästhesie und darüberhinaus aus der Tatsache, daß Trepanationen nicht als besonders schmerzhaft und streßbelastet einzustufen sind.

Das unterschiedliche Resorptionsverhalten der Lösungen mit und ohne Kolloidzusatz führte bei den Patienten in modifizierter Neuroleptanästhesie nicht zu wesentlichen Auswirkungen auf die Blutdruck- und Pulswerte. Die bei den Herzfrequenzen nachgewiesenen Interaktionen lassen allerdings eine entsprechende Tendenz erkennen, die sich bei Lokalanästhesien am wachen Patienten in deutlicheren Veränderungen niederschlagen dürfte.

Die Untersuchungen in axillärer Plexusanästhesie konnten keinen wesentlichen Effekt der zugesetzten Kolloide auf die Konzentrationen von Mepivacain im Plasma nachweisen. Die initial geringfügig erniedrigten Werte können nicht als klinisch relevant betrachtet werden. Dementsprechend blieb auch ein Einfluß der Zusätze auf Anschlagzeit und Wirkdauer aus. Das Kreislaufverhalten wurde ebenfalls nicht beeinflußt. Die Mepivacainkonzentrationen im Plasma waren mit den Ergebnissen von Büttner u. Klose [35], Dreesen et al. [60], Krebs [116], Krebs u. Hempel [117] sowie Tucker et al. [208] vergleichbar. Die von Tryba et al. [205] mitgeteilten Spitzenwerte von über 6 µg Mepivacain/ml Plasma wurden allerdings nicht erreicht, bedingt durch die mit 400 mg statt 600 mg eingesetzte Mepivacaingesamtmenge.

Warum der in den Gruppen mit Infiltrationsanästhesie nachgewiesene resorptionsmindernde Effekt der Kolloide bei den Patienten in axillärer Plexusanästhesie ausgeblieben ist, kann nur vermutet werden. Es ist bereits ausgeführt worden, daß die Wirkung von Dextran und HES onkotisch bedingt ist und auf Flüssigkeitsverschiebungen beruht, evtl. unterstützt durch einen hydrostatisch bedingten durchblutungsmindernden Effekt. Die besonderen anatomischen Bedingungen der axillären Plexusanästhesie mit Injektion der Lokalanästhesielösung in die Gefäß-Nerven-Scheide haben diesen Mechanismus offensichtlich nicht zur Wirkung kommen lassen. Dafür kann einmal die geringe Versorgung dieses Kompartiments mit kleinen Gefäßen verantwortlich gemacht werden, zusätzlich kann sich ein Tamponadeeffekt wegen der Ausdehnungsmöglichkeiten in longitudinaler Richtung nur schwer einstellen. Der geringe Injektionswiderstand bei richtiger Punktion der Gefäß-Nerven-Scheide kann dafür als Beleg dienen.

Die Meßreihen an Probanden mit i.v.-Regionalanästhesie ergaben stark erhöhte Prilocainspiegel nach Zusatz der Kolloide. Dieser Effekt war im Mittel für Dextran noch stärker ausgeprägt als für HES. Auch diese Befunde stehen im Einklang mit dem höheren onkotischen Druck der Dextranlösung und den Ergebnissen der Tierversuche. Der onkotisch bedingte Flüssigkeitseinstrom behinderte den Abstrom des Lokalanästhetikums aus dem Gefäßsystem so nachhaltig, daß nach Wiedereröffnung der Strombahn die beobachteten hohen systemischen Spiegel auftraten. Ein Proband wies die individuell höchsten Prilocainkonzentrationen allerdings beim Durchgang ohne Kolloidzusatz auf. Dieses Ergebnis ist überraschend und verdeutlicht die großen individuellen Streuungen bei „In-vivo-Untersuchungen."

Auf die Latenzzeit bis zum Einsetzen der Anästhesie und auf die Zeiten bis zum Abklingen der Wirkung hatten die veränderten Resorptionsparameter keinen wesentlichen Einfluß. Dies kann dahingehend interpretiert werden, daß auch geringere Prilocainkonzentrationen für die Ausbildung der Anästhesie ausreichen und damit Reduzierungen der Dosis, nicht des Volumens, möglich sind.

Die absolut gemessenen Prilocainkonzentrationen erreichten Werte, die gerade für die nicht prämedizierten Versuchspersonen als potentiell toxisch anzusehen sind. Tryba et al. [204] nannten in diesem Zusammenhang Plasmaspiegel von etwa 12 µg Prilocain/ml. Diese Konzentrationen wurden zwar nicht im Mittel, jedoch im Einzelfall in allen Meßreihen überschritten. Der höchste gemessene Wert wurde in der HES-Gruppe gefunden und betrug 33,50 µg/ml. Die Symptomatik dieses Probanden wurde jedoch weder von diesem selbst noch vom Untersucher als bedrohlich empfunden. Kreislauf- oder EKG-Veränderungen bleiben aus. Dabei ist jedoch zu bedenken, daß es sich um einen gesunden Jugendlichen handelte.

Die durchgehend sehr hohen Prilocainkonzentrationen in den Serien mit Kolloidzusatz hatten keinen wesentlichen Einfluß auf die Kreislaufverhältnisse. Das Blutdruckverhalten war stabil, lediglich die Herzfrequenz lag über den Werten der Meßreihe ohne Zusatz von Dextran oder HES. Veränderungen der Herzfrequenz können daher als Warnsymptom gelten und unterstreichen die Bedeutung eines entsprechenden Monitorings bei der Durchführung von Regionalanästhesien.

Die subjektive Symptomatik war uneinheitlich. Parästhesien im Kopfbereich traten sowohl bei hohen wie auch bei niedrigen Prilocainkonzentrationen auf, gleiches galt für das Vorliegen von Benommenheit und für die akustischen Symptome. Das Auftreten eines Tremors konnte dagegen nur einmal bei dem Probanden mit dem Spitzenwert von 33,50 µg Prilocain/ml beobachtet werden, auch dieses Symptom kann damit als deutliches Warnzeichen gelten. Die

Schlußfolgerung ist erlaubt, daß Prilocain in der Tat ein sehr sicheres Lokalanästhetikum darstellt.

Die durch Prilocain hervorgerufene Methämoglobinbildung [138] war schon bald nach der klinischen Etablierung der Verbindung Gegenstand von Veröffentlichungen [136, 157]. Es besteht heute weitgehend Einigkeit darüber, daß diese substanzspezifische Nebenwirkung als eher unbedeutend einzustufen ist, von der Anwendung bei Schwangeren und Säuglingen einmal abgesehen [18, 201]. Trotz der teilweise exzessiv hohen Prilocainspiegel im Plasma war der höchste gemessene Methämoglobinwert mit 8,7% vom Gesamthämoglobin klinisch nicht als bedeutsam einzuschätzen. Dieser Spitzenwert trat während der Meßreihe ohne Kolloidzusatz auf. Die Höhe der Prilocainkonzentrationen im Plasma hatte letztlich keinen signifikanten Einfluß auf die Methämoglobinbildung.

Ebenso wie in den Gruppen mit axillärer Plexusanästhesie konnte auch in den Kollektiven mit Periduralanästhesie kein reduzierender Einfluß der kolloidalen Zusätze auf die Resorption des eingesetzten Lokalanästhetikums nachgewiesen werden. Die Bupivacainkonzentrationen im Plasma müssen in den verschiedenen Gruppen als ausgesprochen einheitlich angesehen werden. Sie sind mit den von Biscoping et al. [20] mitgeteilten Befunden vergleichbar, während andere Autoren bei Anwendung unterschiedlicher Techniken über geringfügig höhere oder niedrigere Konzentrationen berichteten [66, 213]. Die von Seeling et al. [188] gefundenen Werte bei kontinuierlicher thorakaler Katheterperiduralanästhesie lagen dagegen wesentlich höher. Bei intrapleuraler Applikation einer Bupivacainlösung mit Adrenalinzusatz konnten Brismar et al. [29] dagegen ähnliche Konzentrationen finden wie in den hier vorgestellten Untersuchungsgruppen. Toxische Plasmaspiegel, die nach einem Bericht von Fitzgibbons et al. [69] während eines Krampfanfalls mit 5,4 µg/ml bestimmt wurden, sind dagegen weder im statistischen Mittel noch im Einzelfall erreicht worden.

Entsprechend den zwischen den Gruppen vergleichbaren Resorptionsparametern sind auch keine Unterschiede im Hinblick auf das Kreislaufverhalten, die Latenzzeit bis zum Einsetzen der Anästhesie und die Wirkdauer nachgewiesen worden. Diese Ergebnisse stehen im Gegensatz zu Befunden von Autoren, die statt Bupivacain andere Lokalanästhetika zur Periduralanästhesie eingesetzt haben. Dahn [53] hatte über einen verzögerten Wirkungseintritt sowie eine protrahierte Wirkung von Tetracain nach Zumischung von Dextran berichtet. Labrunie et al. [123] hatten bei Verwendung von Lidocain eine Wirkungsverlängerung von 50–100% unter Dextranzusatz beobachtet.

Als Erklärungsmöglichkeit können ebenso wie im Fall der axillären Plexusanästhesie nur die anatomischen Verhältnisse dienen, unter denen eine Periduralanästhesie zur Wirkung kommt [154]. Durch die Untersuchungen im Duramodell konnte bereits gezeigt werden, daß das Diffusionsverhalten von Bupivacain durch die Dura mater von den Kolloidzusätzen nicht beeinflußt wird. Der Periduralraum stellt ein von lockerem Fett- und Bindegewebe sowie zahlreichen venösen Gefäßen angefülltes Kompartiment dar [31, 73]. Der hyperonkotische Wirkmechanismus konnte unter diesen Bedingungen nicht zum Tragen kommen, sei es durch die Vielzahl der Gefäße mit entsprechend hoher Resorptionskapazität oder durch das Fehlen eines hydrostatischen Tamponadeeffekts in dem sehr lockeren Gewebe.

In der Gesamtschau konnten die durch die Tierversuche gewonnenen Erkenntnisse zum Wirkmechanismus der Kolloidzusätze in den Untersuchungen an Probanden und Patienten bestätigt werden. Insbesondere wurde deutlich, daß die hyperonkotisch bedingten Flüssigkeitsverschiebungen und die zusätzlich zu erwartenden Veränderungen der Durchblutung an die jeweiligen anatomischen Verhältnisse gebunden sind.

4.3 Klinische Schlußfolgerungen

Für den klinischen Gebrauch werden daher folgende Schlüsse gezogen:

1) Der Zusatz von 6% Dextran 60 oder 10% HES 200/0,5 zu einer 2%igen Lidocainlösung im Volumenverhältnis 1:1 führt zu einer deutlichen Verminderung der resorptionsbedingten Lidocainspiegel bei Infiltrationsanästhesien.
2) Enthält die entsprechende Lösung zusätzlich Adrenalin in einer Konzentration von 1:100 000, kann dieser resorptionsmindernde Effekt nochmals ganz bedeutend verstärkt werden. Die Lidocainspiegel können damit auf etwa 10% der Werte ohne die erwähnten Zusätze gesenkt werden.
3) Der Zusatz der kolloidalen Substanzen vermindert die Resorption des Adrenalinanteils der Lokalanästhesielösung so stark, daß die resultierenden Plasmaspiegel den intraoperativen Werten von Patienten in Allgemeinanästhesie mit volatilen Anästhetika entsprechen.
4) Der protektive Effekt der Kolloide im Hinblick auf systemisch-toxische Nebenwirkungen von Lidocain oder Adrenalin kann nicht nur im statistischen Mittel, sondern auch im Einzelfall voraussehbar in Rechnung gestellt werden.
5) Die erwähnten kolloidhaltigen Lösungen mit und ohne Zusatz von Adrenalin sind daher bei Infiltrationsanästhesien mit großen Volumina (ab etwa 20 ml) zu empfehlen, falls bei den Patienten kardiovaskuläre Erkrankungen oder endokrine Störungen (Hyperthyreose, Phäochromozytom, Karzinoid) vorliegen oder die Krampfschwelle erniedrigt ist.
6) Der Zusatz der Kolloide erlaubt die Verwendung adrenalinhaltiger Lidocain-Lösungen während einer Allgemeinanästhesie mit volatilen Anästhetika. Die Adrenalinkonzentrationen im Plasma verbleiben in einem Bereich, der bei Operationen in Allgemeinanästhesie mit volatilen Anästhetika ohnehin zu erwarten ist.
7) Diese Aussage ist von besonderer Bedeutung für Kombinationsanästhesien im Bereich der Neurochirurgie, der plastischen Chirurgie, der Zahn-Mund-Kiefer- und Gesichts-Chirurgie sowie der Hals-Nasen-Ohren-Heilkunde.
8) Da der Zusatz von 10% HES 200/0,5 dem von 6% Dextran 60 praktisch gleichwertig ist, sollte nach dem heutigen Erkenntnisstand HES der Vorzug gegeben werden. Bei Verwendung von Dextran muß zur Vermeidung seltener allergischer Reaktionen die vorherige i.v.-Injektion von Dextran 1 erfolgen.

9) Kein positiver Effekt ist durch die Kolloidzusätze bei axillären Plexusanästhesien und Periduralanästhesien zu erwarten.

10) Bei i.v.-Regionalanästhesien werden die Plasmakonzentrationen von Prilocain deutlich erhöht, von einem entsprechenden Gebrauch ist daher abzuraten.

5 Zusammenfassung

5.1 Allgemeines

Ziel der Studie war es, den Einfluß kolloidaler Substanzen auf die Resorption von Lokalanästhesielösungen zu untersuchen und den Wirkmechanismus der zu erwartenden Resorptionsverzögerung aufzuklären.

Unter Beachtung gleicher Endkonzentrationen wurden den Lokalanästhetika Lidocain, Mepivacain, Prilocain und Bupivacain die Kolloide 6% Dextran 60 und 10% HES 200/0,5 im Volumenverhältnis 1:1 zugesetzt. Die Lidocainlösungen wurden zusätzlich mit Beimischung von Adrenalin in einer Konzentration von 1:100 000 untersucht.

5.2 Untersuchungen „in vitro"

Durch den Zusatz der Kolloide blieben der pH-Wert und die Osmolarität der untersuchten Lösungen im wesentlichen unverändert. Die Viskosität und der onkotische Druck wurden deutlich erhöht. Der onkotische Druck der Lösungen mit Zusatz von Dextran lag jeweils höher als jener der Lösungen mit HES-Zusatz.

Mit Hilfe der Ultrafiltration konnte eine Bindung zwischen dem Kolloidanteil der Lösung und den Lokalanästhetika ausgeschlossen werden, ebenso eine Komplexbildung der Kolloide mit dem Adrenalinanteil der Lösung.

Diese Ergebnisse standen mit den Befunden am Duramodell im Einklang, die ein gleichförmiges Diffusionsverhalten der Lösungen mit und ohne Kolloidzusatz an einer biologisch relevanten Membran zeigten.

5.3 Tierversuche

Am Modell des Rattenpfotenvolumens gelang der Nachweis einer verzögerten Resorption der gesetzten Lokalanästhetikadepots mit Kolloidzusatz. Zusätzlich konnte ein initialer Flüssigkeitseinstrom beobachtet werden. Die Tiere mit HES-Zusatz wiesen darüberhinaus signifikant niedrigere Lidocainkonzentrationen im Plasma auf.

Histologische Untersuchungen der Nn. ischiadici nach einer entsprechenden Leitungsanästhesie schlossen schädliche Einflüsse der eingesetzten Kolloide auf das Nervengewebe im Sinne von Markscheidenalterationen, äußeren Einblutungen oder entzündlich-zelligen Infiltraten aus.

5.4 Untersuchungen an Probanden und Patienten

Eine signifikante Verzögerung der Lidocainresorption durch den Kolloidzusatz bei Infiltrationsanästhesien konnte durch Untersuchung von insgesamt 70 neurochirurgischen Patienten in modifizierter Neuroleptanästhesie nachgewiesen werden. Dieser Effekt wurde durch den zusätzlichen Einsatz von Adrenalin entscheidend verstärkt. Die verbleibenden Lidocainkonzentrationen erreichten noch etwa 10% der Werte der Vergleichsgruppen. Der Einfluß der Kolloide auf die Adrenalinresorption war ebenfalls stark ausgeprägt. Die resorptionsbedingten Plasmaspiegel wurden derart vermindert, daß die verbleibenden Konzentrationen den Werten während einer Allgemeinanästhesie mit volatilen Anästhetika entsprachen. Diese Ergebnisse trafen nicht nur für das statistische Mittel, sondern unter Beachtung der erreichten Maximalwerte auch im Einzelfall zu.

Jeweils 30 Patienten wurden in axillärer Plexusanästhesie mit Mepivacain sowie in Periduralanästhesie mit Bupivacain untersucht. Bei diesen Verfahren blieb der Zusatz der Kolloide ohne wesentlichen Einfluß auf die Resorption der Lokalanästhetika.

An 10 Probanden wurden je 3mal i.v. Regionalanästhesien des Armes unter Verwendung von Prilocain mit bzw. ohne Kolloidzusatz durchgeführt. Durch die Beimischung von Dextran und HES erhöhten sich die systemischen Prilocainkonzentrationen nach Eröffnung der Blutsperre sehr deutlich und erreichten Werte, die als potentiell toxisch zu betrachten waren.

5.5 Schlußfolgerungen

Die Tierversuche erlauben unter Beachtung der Untersuchungsergebnisse an Patienten und Probanden eine Aussage zum Wirkmechanismus der eingesetzten Kolloide. Die hyperonkotische Injektionslösung fördert den Einstrom von Extrazellulärflüssigkeit in das gesetzte Depot. Dies führt zu einer vorübergehenden Verminderung des Abstroms der applizierten Substanzen. Eine hydrostatisch bedingte Behinderung der Durchblutung dürfte den Depoteffekt verstärken. Eine direkte Wechselwirkung zwischen Kolloid- und Lokalanästhetikamolekülen ist abzulehnen. Vielmehr ist die Wirkung der Kolloide an intakte „In-vivo-Verhältnisse", insbesondere die Blut-Gewebs-Schranke, gebunden. Darüberhinaus scheinen straffe Gewebsverhältnisse unabdingbar zu sein.

Damit kann die fehlende Wirksamkeit der Zusätze in bestimmten anatomischen Kompartimenten, wie der Gefäß-Nerven-Scheide bei axillärer Plexusanästhesie oder dem Periduralraum bei Periduralanästhesie, erklärt werden. Bei der i.v.-Regionalanästhesie behindert der onkotisch bedingte Flüssigkeitseinstrom den Abstrom des im Gefäßsystem liegenden Lokalanästhetikums.

Für den klinischen Gebrauch werden daher die folgenden Schlüsse gezogen:

1) Der Zusatz der Kolloide zu Lidocainlösungen mit oder ohne Adrenalinanteil ist bei Infiltrationsanästhesien mit großen Volumina (ab etwa 20 ml) zu empfehlen, falls bei den Patienten kardiovaskuläre Erkrankungen, endokrine Stö-

rungen (Hyperthyreose, Phäochromozytom, Karzinoid) oder eine erniedrigte Krampfschwelle vorliegen.

2) Der Zusatz der Kolloide erlaubt die Verwendung adrenalinhaltiger Lidocain-lösungen während einer Allgemeinanästhesie mit volatilen Anästhetika. Die Adrenalinkonzentrationen im Plasma verbleiben in einem Bereich, der bei diesen Verfahren ohnehin zu erwarten ist.

3) Diese Aussage ist von besonderer Bedeutung für Kombinationsanästhesien im Bereich der Neurochirurgie, der plastischen Chirurgie, der Zahn-Mund-Kiefer- und Gesichtschirurgie sowie der Hals-Nasen-Ohren-Heilkunde.

4) Von den untersuchten Kolloiden ist nach heutigem Erkenntnisstand 10% HES 200/05, der Vorzug gegenüber 6% Dextran 60 zu geben. Bei Verwen-dung von Dextran sollte die Vorinjektion von Dextran 1 erfolgen.

Literaturverzeichnis

1. Åberg G, Friberger P, Sydnes G (1978) Studies on the duration of local anaesthesia: a possible mechanism for the prolonging effect of dextran on the duration of infiltration anaesthesia. Acta Pharmacol Toxicol 42:88–92
2. Abouleish EI (1987) Epinephrine improves the quality of spinal hyperbaric bupivacaine for cesarean section. Anesth Analg 66:395–400
3. Ackerknecht EH (1967) Kurze Geschichte der Medizin. Durchgesehene Ausgabe der 1. Aufl. Enke, Stuttgart
4. Adams HA, Russ W, Leisin M, Börner U, Gips H, Hempelmann G (1987) Untersuchungen zur endokrinen Streß-Antwort bei Halothan-, Enfluran- und Isofluran-Narkosen für unfallchirurgische Eingriffe. Anaesthesist 36:159–165
5. Ahnefeld FW (1980) Plasmaexpander in der Theapie – Nutzen und Problematik. Allergologie [Sonderausgabe] 3:1–8
6. Albright GA (1979) Cardiac arrest following regional anesthesia with etidocaine or bupivacaine. Anesthesiology 51:285–287
7. Altura BM, Altura BT (1974) Effects of local anesthetics, antihistamines, and glucocorticoids on peripheral blood flow and vascular smooth muscle. Anesthesiology 41:197–214
8. Anton AH, Sayre DF (1962) A study of the factors affecting the aluminium oxide-trihydroxyindole procedure for the analysis of catecholamines. J Pharmacol Exp Ther 138:360–374
9. Anton AH, Sayre DF (1966) Distribution of metanephrine and normetanephrine in various animals and their analysis in diverse biologic material. J Pharmacol Exp Ther 153:15–29
10. Arzneimittelkommission der Deutschen Ärzteschaft (1983) Prophylaxe der Dextran-Anaphylaxie durch Hapten-Dextran. Dtsch Ärztebl 80:H/39–40
11. Axelsson K, Widman B (1981) Blood concentration of lidocaine after spinal anaesthesia using lidocaine and lidocaine with adrenaline. Acta Anaesthesiol Scand 25:240–245
12. Barber WB, Smith LE, Zaloga GP, Fletcher JR, Cook D, Lake CR, Chernow B (1985) Hemodynamic and plasma catecholamine responses to epinephrine-containing perianal lidocaine anesthesia. Anesth Analg 64:924–928
13. Best JD, Halter JB (1982) Release and clearance rates of epinephrine in man: importance of arterial measurements. J Clin Endocrinol Metabol 55:263–268
14. Bier A (1899) Versuche über Cocainisierung des Rückenmarkes. Dtsch Z Chir 51:361–369
15. Bier A (1908) Über einen neuen Weg Localanästhesie an den Gliedmaßen zu erzeugen. Arch Klin Chir 86:1007–1016
16. Biscoping J (1986) Einfluß der Glucosekonzentration von Bupivacainlösungen auf die Lokalanaesthetikaverteilung im Liquor bei Spinalanaesthesie. Reg Anaesth 9:9–14
17. Biscoping J, Hempelmann G (1984) Einfache und schnelle Methode zur Lidocain-Bestimmung. Diagn Intensivmed 9:9–23
18. Biscoping J, Hempelmann G (1985) Methämoglobinämie nach Blockade des Plexus brachialis mit Prilocain (Xylonest®). Bemerkungen zur Arbeit von F. Thiessen, J. Bergmann und H. Steinhoff. Reg Anaesth 8:42
19. Biscoping J, Salomon F, Hempelmann G (1984) Plasmaspiegel nach lumbaler Periduralanaesthesie mit Bupivacain 0,75%. Reg Anaesth 7:48–50
20. Biscoping J, Körprich R, Bachmann B, Hempelmann G (1985) Die Katheter-Plexusanaesthesie des Armes zur intra- und postoperativen Schmerzausschaltung. Plasmakonzentrationen und Analgesie-Intervalle bei der Anwendung von Bupivacain. Reg Anaesth 8:54–56

21. Börner U, Müller H. Stoyanov M, Hempelmann G (1980) Epidurale Opiatanalgesie. Gewebe- und Liquorverträglichkeit der Opiate. Anaesthesist 29:570–571
22. Bokesch PM, Raymond SA, Strichartz GR (1987) Dependence of lidocaine potency on pH and Pco_2. Anesth Analg 66:9–17
23. Bolli G, De Feo P, Compagnucci P, Cartechini MG, Samteusanio F, Brunetti P (1981) Simultaneous central venous and arterial blood sampling for catecholamine assay in phaeochromocytoma. Lancet II:526–527
24. Borchardt W, Heinzow B, Ziegler A (1987) Bindung von Pharmaka an künstliche Plasmaersatzmittel. Infusionstherapie [Suppl] 14/2:28–30
25. Bouloux P, Perrett D, Besser GM (1985) Methodological considerations in the determination of plasma catecholamines by high-performance liquid chromatography with electrochemical detection. Ann Clin Biochem 22:194–203
26. Bowdle TA; Freund PR, Slattery JT (1987) Propranolol reduces bupivacaine clearance. Anesthesiology 66:36–38
27. Braid DP, Scott DB (1965) The systemic absorption of local analgesic drugs. Br J Anaesth 37:394–404
28. Bridenbaugh LD (1978) Does the addition of low molecular weight dextran prolong the duration of action of bupivacaine? Reg Anesth 3:6
29. Brismar B, Pettersson N, Tokics L, Strandberg Å, Hedenstierna G (1987) Postoperative analgesia with intrapleural administration of bupivacaine-adrenaline. Acta Anaesthesiol Scand 31:515–520
30. Brock-Utne JG, Kallichurum S, Mankowitz E, Maharaj RJ, Downing JW (1982) Intrathecal ketamine with preservative – histological effects on spinal nerve roots of baboons. S Afr Med J 61:440–441
31. Bromage PR (1975) Mechanism of action of extradural analgesia. Br. J Anaesth 47:199–212
32. Bromage PR, Camporesi EM, Durant PA, Nielsen CH (1983) Influence of epinephrine as an adjuvant to epidural morphine. Anesthesiology 58:257–262
33. Buckley FP, Fink BR (1979) The duration of action of nerve blocks produced by local anesthetic: dextran mixtures. Anesthesiology 51:S 215
34. Buckley FP, Fink BR (1981) Duration of action of nerve blocks produced by mixtures of local anesthetics and low molecular weight dextran: studies in rat infraorbital nerve blocks. Anesth Analg 60:142–145
35. Büttner J, Klose R (1986) Mepivacain zur Plexus brachialis-Anaesthesie bei langdauernden operativen Eingriffen. Reg Anaesth 9:38–41
36. Büttner J, Klose R, Dreesen H (1987) Vergleichende Untersuchung von Prilocain 1% und Mepivacain 1% zur axillären Plexusanaesthesie. Reg Anaesth 10:70–75
37. Burfoot MF, Bromage PR (1971) The effects of epinephrine on mepivacaine absorption from the spinal epidural space. Anesthesiology 35:488–492
38. Burm AG, Kleef van JW, Gladines MP, Spierdijk J, Breimer DD (1983) Plasma concentrations of lidocaine and bupivacaine after subarachnoid administration. Anesthesiology 59:191–195
39. Catchlove RFH (1972) The influence of CO_2 and pH on local anesthetic action. J Pharmacol Exp Ther 181:298–309
40. Causon RC, Carruthers ME, Rodnight R (1981) Assay of plasma catecholamines by liquid chromatography with electrochemical detection. Anal Biochem 116:223–226
41. Chambers WA, Littlewood DG, Logan MR, Scott DB (1981) Effect of added epinephrine on spinal anesthesia with lidocaine. Anesth Analg 60:417–420
42. Chambers WA, Littlewood DG, Scott DB (1982) Spinal anesthesia with hyperbaric bupivacaine: effect of added vasoconstrictors. Anesth Analg 61:49–52
43. Chinn MA, Wirjoatmadja K (1967) Prolonging local anaesthesia. Lancet II:835
44. Clauberg G, Schlaegel U, Hartter P (1972) Die intravenöse regionale Lokalanaesthesie im Bereich der oberen Extremität. Anaesthesist 21:277–291
45. Cohen G, Goldenberg M (1957) The simultaneous fluorimetric determination of adrenaline and noradrenaline in plasma – I. The fluorescence characteristics of adrenolutine and noradrenolutine and their simultaneous determination in mixtures. J Neurochem 2:58–70

46. Cohen G, Goldenberg M (1957) The simultaneous fluorimetric determination of adrenaline and noradrenaline in plasma – II. Peripheral venous plasma concentrations in normal subjects and in patients with pheochromocytoma. J Neurochem 2:71–80
47. Collins JG, Kitahata LM, Matsumoto M, Homma E, Suzukawa M (1984) Spinally administered epinephrine suppresses noxiously evoked activity of WDR neurons in the dorsal horn of the spinal cord. Anesthesiology 60:269–275
48. Coombs DW, Fratkin JD (1987) Neurotoxicology of spinal agents. Anesthesiology 66:724–726
49. Cotton BR, Henderson HP, Achola KJ, Smith G (1986) Changes in plasma catecholamine concentrations following infiltration with large volumes of local anaesthetic solution containing adrenaline. Br J Anaesth 58:593–597
50. Covino BG (1986) Pharmacology of local anaesthetic agents. Br J Anaesth 58:701–716
51. Curelaru I, Ambrus I, Constantinescu V (1979) Subarachnoid block with an anaesthetic mixture containing dextran. Cytologic changes in the cerebrospinal fluid. Reg Anaesth 2:68–71
52. Curtiss B, Scurlock JE (1979) Nerve block duration with bupivacaine-dextran. Anesthesiology 51:S 214
53. Dahn H (1953) Zur Methodik der Periduralanästhesie. Geburtshilfe Frauenklinik 13:118–123
54. Dalens B, Bazin JE, Haberer JP (1987) Epidural bubbles as a cause of incomplete analgesia during epidural anesthesia. Anesth Analg 66:679–683
55. Da Prada M, Zürcher G (1976) Simultaneous radioenzymatic determination of plasma and tissue adrenaline, noradrenaline and dopamine within the femtomole range. Life Sci 19:1161–1174
56. Denson DD, Bridenbaugh PO, Turner PA, Phero JC, Raj PP (1982) Neural blockade and pharmacokinetics following subarachnoid lidocaine in the rhesus monkey. I. Effects of epinephrine. Anesth Analg 61:746–750
57. Derbyshire DR, Smith G (1984) Sympathoadrenal responses to anaesthesia and surgery. Br J Anaesth 56:725–739
58. DiFazio CA, Carron H, Grosslight KR, Moscicki JC, Bolding WR, Johns RA (1986) Comparison of pH-adjusted lidocaine solutions for epidural anesthesia. Anesth Analg 65:760–764
59. Donlon JV, Moss J (1979) Plasma catecholamine levels during local anesthesia for cataract operations. Anesthesiology 51:471–473
60. Dreesen H, Büttner J, Klose R (1986) Wirkungsvergleich und Serumspiegel von Mepivacain-HCl und Mepivacain-CO_2 bei axillärer Plexus brachialis-Anaesthesie. Reg Anaesth 9:42–45
61. Eckstein KL, Rogacev Z, Grahovac Z, Vicente-Eckstein A (1983) Spitzenblutspiegel von Mepivacain nach intravenöser Regionalanaesthesie (I.V.R.A.) bei Verwendung unterschiedlicher Konzentrationen. Reg Anaesth 6:23–26
62. Elmadfa I, Sobirey M, Brandt K (1987) Entzündungshemmende Wirkung von Vitamin E und Acetylsalicylsäure. Spiegel Forsch 4/H.4:10–12
63. Engelman K, Portnoy B (1970) A sensitive double-isotope derivative assay for norepinephrine and epinephrine. Normal resting human plasma levels. Circ Res 26:53–57
64. Engelman K, Portnoy B, Lovenberg W (1968) A sensitive and specific double-isotope derivative method for the determination of catecholamines in biological specimens. Am J Med Sci 255:259–268
65. Enzmann V (1987) Für und Wider der intravenösen Regionalanästhesie. Anästh Intensivmed 28:205–211
66. Eyres RL, Hastings C, Brown TCK, Oppenheim RC (1986) Plasma bupivacaine concentrations following lumbar epidural anaesthesia in children. Anaesth Intensive Care 14:131–134
67. Falconer AD, Lake D, Macdonald IA (1982) The measurement of plasma noradrenaline by high-performance liquid chromatography with electrochemical detection: an assessment of sample stability and assay reproducibility. J Neurosci Meth 6:261–271
68. Fink BR, Aasheim G, Kish SJ, Croley TS (1975) Neurokinetics of lidocaine in the infraorbital nerve of the rat in vivo: relation to sensory block. Anesthesiology 42:731–736

69. Fitzgibbons DC, Moore DC, Balfour RI (1981) Convulsant blood levels of bupivacaine. Anesthesiology 55:476
70. Ford DJ, Raj PP (1987) Peripheral neurotoxicity of 2-chloroprocaine and bisulfite in the cat. Anesth Analg 66:719–722
71. Förster H, Wicarkzyk C, Dudziak R (1981) Bestimmung der Plasmaelimination von Hydroxyaethylstärke und von Dextran mittels verbesserter analytischer Methodik. Infusionstherapie 8:88–94
72. Frey R, Hutschenreuter K, Ahnefeld FW, Steinbereithner K (1975) Vorsichtsmaßnahmen bei der Anwendung kolloidaler Volumenersatzmittel. Anaesthesist 24:378–380
73. Giasi RM, D'Agostino E, Covino BG (1979) Absorption of lidocaine following subarachnoid and epidural administration. Anesth Analg 58:360–363
74. Goldberg ME, Gregg C, Larijani GE, Norris MC, Marr AT, Seltzer JL (1987) A comparison of three methods of axillary approach to brachial plexus blockade for upper extremity surgery. Anesthesiology 66:814–816
75. Green D (1966) The effect of bacterial contamination of irritants on results in rat paw oedema experiments. Br J Pharmacol 26:302–306
76. Grice SC, Morell RC, Balestrieri FJ, Stump DA, Howard G (1986) Intravenous regional anesthesia: evaluation and prevention of leakage under the tourniquet. Anesthesiology 65:316–320
77. Gürtner T, Meyer CH, Gürtner C (1986) Nebenwirkungen nach intravenöser Regionalanaesthesie (IVRA) auf ZNS und Herzrhythmus. Reg Anaest 9:116–119
78. Ha H-R, Funk B, Gerber HR, Follath F (1984) Determination of bupivacaine in plasma by high-performance liquid chromatography. Anesth Analg 63:448–450
79. Halbert MK, Baldwin RP (1984) Determination of lidocaine and active metabolites in blood serum by liquid chromatography with electrochemical detection. J Chromatogr 306:269–277
80. Hallman H, Farnebo LO, Hamberger B, Jonsson G (1978) A sensitive method for the determination of plasma catecholamines using liquid chromatography with electrochemical detection. Life Sci 23:1049–1052
81. Hansen J, Wendt M, Kästner H, Kalveram KJ, Pembeci K, Götz E, Forck G (1986) Verträglichkeitsuntersuchungen bei Plasma-Protein-Lösung 3,5%. Anästh Intensivther Notfallmed 21:207–211
82. Harrfeldt HP (1986) Nebenwirkungen bei Hydroxyäthylstärke- und Dextran-Infusionen bei zur Anästhesie vorbereiteten Patienten – vergleichende Beobachtung. Med Welt 37:627–631
83. Harris JM, West GB (1963) Rats resistant to the dextran anaphylactoid reaction. Br J Pharmacol 20:550–562
84. Hassan HG, Åkerman B, Renck H, Lindberg B, Lindquist B (1985) Effects of adjuvants to local anaesthetics on their duration. III. Experimental studies of hyaluronic acid. Acta Anaesthesiol Scand 29:384–388
85. Hassan HG, Renck H, Lindberg B, Åkerman B, Hellquist R (1985) Effects of adjuvants to local anaesthetics on their duration. I. Studies of dextrans of widely varying molecular weight and adrenaline in rat infraorbital nerve block. Acta Anaesthesiol Scand 29:375–379
86. Hassan HG, Renck H, Lindberg B, Lindquist B, Åkerman B (1985) Effects of adjuvants to local anaesthetics on their duration. II. Studies of some substituted dextrans and other macromolecules in rat infraorbital nerve block. Acta anaesthesiol Scand 29:380–383
87. Heath ML (1982) Deaths after intravenous regional anaesthesia. Br Med J 285:913–914
88. Hedin H, Richter W (1982) Pathomechanisms of dextran-induced anaphylactoid/anaphylactic reactions in man. Int Arch Allergy Appl Immunol 68:122–126
89. Heller PJ, Goodman C (1986) Use of local anesthetics with epinephrine for epidural anesthesia in preeclampsia. Anesthesiology 65:224–226
90. Hillebrecht J (1954) Zur routinemäßigen Prüfung antiphlogistischer Substanzen im Rattenpfotentest. Arzneimittelforschung 4:607–614
91. Hirschel G (1911) Die Anästhesierung des Plexus brachialis bei Operationen an der oberen Extremität. MMW 53:1555–1556

92. Hjemdahl P (1984) Inter-laboratory comparison of plasma catecholamine determinations using several different assays. Acta Physiol Scand [Suppl] 527:43–54

93. Hjemdahl P, Daleskog M, Kahan T (1979) Determination of plasma catecholamines by high performance liquid chromatography with electrochemical detection: comparison with a radioenzymatic method. Life Sci 25:131–138

94. Hohmann G (1954) Erfahrungen mit einer Macrodex-Xylocain-Plombe zur Periduralanaesthesie. Chirurg 25:517–518

95. Hohmann G (1956) Kreislaufwirkung einer Macrodex-Lidocain-l-Noradrenalinlösung in der Periduralanaesthesie. Anaesthesist 5:18–19

96. Horrigan RW, Eger EI, Wilson C (1978) Epinephrine-induced arrhythmias during enflurane anesthesia in man: a nonlinear dose-response relationship and dose-dependent protection from lidocaine. Anesth Analg 57:547–550

97. Janik R, Erdmann K, Wahl J (1986) Spinalanaesthesie mit hyperbarem Tetracain und Bupivacain: Ausbreitungsgeschwindigkeit, Analgesieniveau und motorische Blockade bei unterschiedlicher Lagerung und Injektionsvolumen. Reg Anaesth 9:110–115

98. Janik R, Erdmann K, Dick W (1987) Bupivacain-CO_2 und Bupivacain-HCl mit unterschiedlicher Injektionstemperatur zur Periduralanaesthesie bei extrakorporaler Stoßwellenlithotrypsie. Reg Anaesth 10:82–87

99. Jesch F, Hübner G, Zumtobel V, Zimmermann M, Messmer K (1979) Hydroxyäthylstärke (HÄS 450/0,7) in Plasma und Leber. Konzentrationsverlauf und histologische Veränderungen beim Menschen. Infusionstherapie 6:112–117

100. Johnsson A, Hassan H, Renck H (1985) Effects of adjuvants to local anaesthetics on their duration. IV. Effect of hyaluronic acid added to bupivacaine or prilocaine on the duration of nerve blockade in man. Acta Anaesthesiol Scand 29:736–738

101. Johnston RR, Eger EI, Wilson C (1976) A comparative interaction of epinephrine with enflurane, isoflurane, and halothane in man. Anesth Analg 55:709–712

102. Kanto J, Jalonen J, Laurikainen E, Nieminen V, Salo M (1980) Plasma concentrations of lidocaine (lignocaine) after cranial subcutaneous injection during neurosurgical operations. Acta Anaesthesiol Scand 24:178–180

103. Kaplan JA, Miller ED, Gallagher EG (1975) Postoperative analgesia for thoracotomy patients. Anesth Analg 54:773–777

104. Kapur PA, Flacke WE (1981) Epinephrine induced arrhythmias and cardiovascular function after verapamil during halothane anesthesia in the dog. Anesthesiology 55:218–225

105. Kapur PA, Flacke WE (1982) Lack of correlation of verapamil plasma level with cumulative protective effects against halothane-epinephrine ventricular arrhythmias. J Cardiovasc Pharmacol 4:652–657

106. Katz RL (1977) Interaction of epinephrine. Anesth Analg 56:747

107. Kennedy RL, Miller RP, Bell JU et al (1986) Uptake and distribution of bupivacaine in fetal lambs. Anesthesiology 65:247–253

108. Kim KC, Tasch MD (1986) Effects of cimetidine and rantidine on local anesthetic central nervous system toxicity in mice. Anesth Analg 65:840–842

109. Kingsnorth AN, Wijesinha SS, Grixti CJ (1979) Evaluation of dextran with local anaesthesia for short-stay inguinal herniorraphy. Ann R Coll Surg Engl 61:456–458

110. Kircha S, Barsa J, Fink BR (1983) Potentiation of nerve block in vivo by physiological adjuvants in the solution. Br J Anaesth 55:549–553

111. Klepper ID, Sherrill DL, Boetger CL, Bromage PR (1987) Analgesic and respiratory effects of extradural sufentanil in volunteers and the influence of adrenaline as an adjuvant. Br J Anaesth 59:1147–1156

112. Knorr F (1969) Der Einfluß von Dextran 6% auf die Wirkungsdauer von Lokalanästhetika bei der Infiltrationsanästhesie. Med Dissertation, Universität Mainz

113. Köhler H, Zschiedrich H, Clasen R, Linfante A, Gamm H (1982) Blutvolumen, kolloidosmotischer Druck und Nierenfunktion von Probanden nach Infusion mittelmolekularer 10% Hydroxyäthylstärke 200/0,5 und 10% Dextran 40. Anaesthesist 31:61–67

114. Köhler H, Zschiedrich H, Linfante A, Appel F, Pitz H, Clasen R (1982) Die Elimination von Hydroxyäthylstärke 200/0,5, Dextran 40 und Oxypolygelatine. Klin Wochenschr 60:293–301

115. Koller K (1884) Über die Verwendung des Cocain zur Anästhesierung am Auge. Wien Med Wochenschr 34:1276–1278, 1309–1311
116. Krebs P (1987) Die hohe kontinuierliche axilläre Plexus-brachialis-Anaesthesie. Vergleich einer neuen Methode mit der perivaskulären axillären Plexus-brachialis-Anaesthesie. Reg Anaesth 10:1–15
117. Krebs P, Hempel V (1985) Mepivacian zur axillären Plexusanaesthesie. Vergleich zwischen Mepivacain-CO$_2$ und Mepivacain-HCl. Reg Anaesth 8:33–35
118. Kroin JS, McCarthy RJ, Penn RD, Kerns JM, Ivankovich AD (1987) The effect of chronic subarachnoid bupivacaine infusion in dogs. Anesthesiology 66:737–742
119. Krömer B (1969) Untersuchungen über den Einfluß von Dextran 6% (Macrodex) auf die Wirkungsdauer verschiedener Lokalanaesthetika. Med Dissertation, Universität Mainz
120. Kulenkampff D (1911) Die Anästhesierung des Plexus brachialis. Zentralbl Chir 38:1337–1340
121. Kurz H, Trunk H, Weitz B (1977) Evaluation of methods to determine protein-binding of drugs. Equilibrium dialysis, ultrafiltration, ultracentrifugation, gel filtration. Arzneimittelforschung 27:1373–1380
122. Kyttä J, Rosenberg PH, Wahlström T, Olkkola K (1982) Histopathological changes in rabbit spinal cord caused by bupivacaine. Reg Anaesth 5:85–88
123. Labrunie GM, Da Luz MM, Ribeiro RC (1971) Utilização de solução de cloridrato de lidocaína em veículo macro-molecular. Um método de aumento des seutempo de ação. Resultados preliminares. Rev Bras Anestesiol 21:426–430
124. Laubenthal H, Peter K, Meßmer K (1982) Prophylaxe der Dextran-Anaphylaxie. Münch Med Wochenschr 124:951–953
125. Laubenthal H, Peter K, Meßmer K (1982) Unverträglichkeitsreaktionen auf kolloidale Plasmaersatzlösungen. Anästh Intensivmed 23:26–33
126. Laubenthal H, Peter K, Meßmer K (1983) Haptendextran. Dtsch Med Wochenschr 108:997–998
127. Laubenthal H, Peter K, Richter W, Kraft D, Selbmann HK, Meßmer K (1983) Anaphylaktoide/anaphylaktische Reaktionen auf Dextran. Pathomechanismus und Prophylaxe. Diagn Intensivther 8:4–14
128. Lindblad G, Falk J (1976) Konzentrationsverlauf von Hydroxyäthylstärke und Dextran in Serum und Lebergewebe von Kaninchen und die histopathologischen Folgen der Speicherung von Hydroxyäthylstärke. Infusionstherapie 3:301–303
129. Loder RE (1960) A local anaesthetic solution with longer action. Lancet II:346–347
130. Loder RE (1962) A long-acting local anaesthetic solution for the relief of pain after thoractomy. Thorax 17:375–376
131. Loder RE (1980) Lidocaine-dextran solutions. Anesthesiology 53:522
132. Logan MR, McClure JH, Wildsmith JAW (1986) Plain bupivacaine: an unpredictable spinal anaesthetic agent. Br J Anaesth 58:292–296
133. Lorenz W, Doenicke A, Dittmann I, Hug P, Schwarz B (1977) Anaphylaktoide Reaktionen nach Applikation von Blutersatzmitteln beim Menschen. Verhinderung dieser Nebenwirkung von Haemaccel durch Prämedikation mit H$_1$- und H$_2$-Rezeptorantagonisten. Anaesthesist 26:644–648
134. Lund A (1950) Simultaneous fluorimetric determinations of adrenaline and noradrenaline in blood. Acta Pharmacol 6:137–146
135. Lund PC (1965) A correlation of venous blood concentrations and spinal fluid concentrations of Xylocaine® and Citanest® during peridural analgesia. Acta Anaesthesiol Scand [Suppl XVI] 9:97–110
136. Lund PC, Cwik JC (1965) Propitocaine (Citanest) and methemoglobinemia. Anesthesiology 26:569–571
137. Lutz H (1986) Plasmaersatzmittel. 4. Aufl. Thieme, Stuttgart New York
138. Mansouri A (1985) Review: methemoglobinemia. Am J Med Sci 289:200–209
139. May E (1951) Klinische Mitteilung über die peridurale Anwendung von Veritol zur Behandlung des extremen peripheren Kreislaufkollapses mit der Macrodex-Veritol-Plombe. Med Welt 20:361
140. Mazze RI, Dunbar RW (1966) Plasma lidocaine concentrations after caudal, lumbar, epidural, axillary block, and intravenous regional anesthesia. Anesthesiology 27:574–579

141. McKay W, Morris R, Mushlin P (1987) Sodium bicarbonate attenuates pain on skin infiltration with lidocaine, with or without epinephrine. Anesth Analg 66:572–574

142. McKeown DW, Meiklejohn B, Scott DB (1984) Bupivacaine and prilocaine in intravenous regional anaesthesia. Anaesthesia 39:150–154

143. McLean-Fletcher SD, Pollard TD (1980) Visometric analysis of the gelation of acanthamoeba extracts and purification of two gelation factors. J Cell Biol 85:414–428

144. Messmer K, Seemann C, Hedin H, Richter W, Peter K (1980) Anaphylaktoide Reaktionen nach Dextran. II) Tierexperimentelle und klinische Ergebnisse der Prophylaxe durch Hapten-Hemmung. Allergologie 3:17–24

145. Meyer MC, Guttman DE (1968) Novel method for studying protein binding. J Pharm Sci 57:1627–1629

146. Michaelis G (1986) Modelluntersuchungen zur Diffusionskapazität der Dura mater für Bupivacain und ihre Abhängigkeit vom pH-Milieu. Vergleiche mit in-vivo Ergebnissen. Med Dissertation, Universität Gießen

147. Modig J, Borg T, Karlström G, Maripuu E, Sahlstedt B (1983) Thromboembolism after total hip replacement: role of epidural and general anesthesia. Anesth Analg 62:174–180

148. Moore DC (1982) Precipitation of local anesthetic drugs in cerebrospinal fluid. Anesthesiology 57:134–138

149. Moore RA, Bullingham RES, McQuay HJ, Hand CW, Aspel JB, Allen MC, Thomas D (1982) Dural permeability to narcotics: in vitro determination and application to extradural administration. Br J Anaesth 54:1117–1128

150. Müller H, Gerlach H, Boldt J et al (1986) Spastik-Behandlung mit rückenmarksnaher Gabe von Morphin oder Midazolam. Anaesthesist 35:306–316

151. Navaratnarajah M, Davenport HT (1985) The prolongation of local anaesthetic action with dextran. Anaesthesia 40:259–262

152. Niemer M (1970) Wirkungsverlängerung der Lokalanästhesie durch Dextran 6%. Med Dissertation, Universität Mainz

153. Noble DW, Smith KJ, Dundas CR (1987) Effects of H-$_2$ antagonists on the elimination of bupivacaine. Br J Anaesth 59:735–737

154. Nolte H (1978) Physiologie und Pathophysiologie der subarachnoidalen und epiduralen Blockade. Reg Anaesth 1:3–10

155. Nolte H (1986) Zur Problematik der Cardiotoxizität von Bupivacain 0,75%. Reg Anaesth 9:57–59

156. Nolte H, Puente-Egido JJ, Dudeck J, Niemer M (1967) Wirkungsverlängerung der Lokalanaesthesie durch Dextran 6%. Anaesthesist 16:221–224

157. Nolte H, Dudeck J, Hultzsch B (1968) Untersuchungen über die Dosisabhängigkeit der Methämoglobinbildung bei Anwendung von Prilocain (Citanest). Anaesthesist 17:343–346

158. Nordberg G, Mellstrand T, Borg L, Hedner T (1986) Extradural morphine: influence of adrenaline admixture. Br J Anaesth 58:598–604

159. Parris MR, Chambers WA (1986) Effects of the addition of potassium to prilocaine or bupivacaine. Studies on brachial plexus blockade. Br J Anaesth 58:297–300

160. Partridge BL, Katz J, Benirschke K (1987) Functional anatomy of the brachial plexus sheat: implications for anesthesia. Anesthesiology 66:743–747

161. Passon PG, Peuler JD (1973) A simplified radiometric assay for plasma norepinephrine and epinephrine. Anal Biochem 51:618–631

162. Pflug AE, Halter JB, Tolas AG (1982) Plasma catecholamine levels during anesthesia and surgical stress. Reg Anesth [Suppl] 7:S49–S56

163. Prokopiou AA, Pateromichelakis S, Rood JP (1986) The effects of ornipressin and adrenaline on lignocaine nerve blocks. Acta Anaesthesiol Scand 30:647–650

164. Racle JP, Benkhadra A, Poy JY, Gleizal B (1987) Prolongation of isobaric bupivacaine spinal anesthesia with epinephrine and clonidine for hip surgery in the elderly. Anesth Analg 66:442–446

165. Ready LB, Plumer MH, Haschke RH, Austin E, Sumi SM (1985) Neurotoxicity of intrathecal local anesthetics in rabbits. Anesthesiology 63:364–370

166. Reisner LS, Hochman BN, Plumer MH (1980) Persistent neurologic deficit and adhesive arachnoiditis following intrathecal 2-chloroprocaine injection. Anesth Analg 59:452–454

167. Reiz S, Nath S (1986) Cardiotoxicity of local anaesthetic agents. Br J Anaesth 58:736–746
168. Reynolds F (1987) Adverse effects of local anaesthetics. Br J Anaesth 59:78–95
169. Richter W, Hedin H, Ring J, Kraft D, Messmer K (1980) Anaphylaktoide Reaktionen nach Dextran. I. Immunologische Grundlagen und klinische Befunde. Allergologie 3:9–16
170. Ring J, Meßmer K (1976) Anaphylaktoide Reaktionen nach Infusion kolloidaler Volumenersatzmittel. Chir Prax 21:1–10
171. Ring J, Meßmer K (1977) Infusionstherapie mit kolloidalen Volumenersatzmiteln. Anaesthesist 26:279–287
172. Ring J, Richter W (1980) Wirkungsmechanismus unerwünschter Reaktionen nach Hydroxyäthylstärke (HÄS) und Humanalbumin. Intensivbehandlung 5:85–92
173. Ring J, Seifert J. Lob G, Coulin K, Brendel W (1974) Humanalbuminunverträglichkeit: Klinische und immunologische Untersuchungen. Klin Wochenschr 52:595–598
174. Rosenberg PH, Kyttä J, Alila A (1986) Absorption of bupivacaine, etidocaine, lignocaine and ropivacaine into n-heptane, rat sciatic nerve, and human extradural and subcutaneous fat. Br J Anaesth 58:310–314
175. Rosenblatt R (1981) Dextran as local anesthetic adjuvant: its history and current status. Reg Anaesth 6:108–111
176. Rosenblatt R, Fung D (1979) Optimal ratio of bupivacaine and dextran for regional analgesia. Reg Anaesth 4:2–3
177. Rosenblatt R, Fung D (1980) Mechanism of action for dextran prolonging regional anesthesia. Reg Anaesth 5:3–5
178. Rosenblatt R, Lui P, Capener C (1980) Dextran as a local anesthetic adjuvant. Anesthesiology 53:S 220
179. Rothman AR, Freireich EJ, Gaskins JR, Patlak CS, Rall DP (1961) Exchange of inulin and dextran between blood and cerebrospinal fluid. Am J Physiol 201:1145–1148
180. Schöning B (1980) Inzidenz pathergischer Nebenwirkungen von Hydroxyäthylstärke (HES): Kritik einer Studie. Allergologie 3:369–375
181. Schwarz JA (1980) Hapten-Hemmung: Verhinderung antikörperbedingter Dextran-Nebenwirkungen durch niedermolekulares Dextran (Dextran 1) als monovalentes Hapten. Infusionstherapie 7:105–108
182. Schwarz JA, Raschak M, Koch W (1980) Verhinderung Antikörperbedingter Dextran-Nebenwirkungen durch monovalentes Hapten (Dextran 1). Allergologie 3:25–27
183. Schwarz JA, Rother U, Koch W, Bühler V, Kaumeier S (1980) Humanpharmakologische Untersuchungen mit monovalentem Dextran 1 an freiwilligen gesunden Probanden. Allergologie 3:29–31
184. Scott B (1965) Plasma levels of lignocaine (Xylocaine®) and prilocaine (Citanest®) following epidural and intercostal nerve block. Acta Anaesthesiol Scand [Suppl XVI] 9:111–114
185. Scott DB (1986) Toxic effects of local anaesthetic agents on the central nervous system. Br J Anaesth 58:732–735
186. Scott DB, Jebson PJR, Braid DP, Örtengren B, Frisch P (1972) Factors affecting plasma levels of lignocaine and prilocaine. Br J Anaesth 44:1040–1049
187. Scurlock JE, Curtis BM (1980) Dextran – local anesthetic interactions. Anesth Analg 59:335–340
188. Seeling W, Altemeyer K-H, Berg S, Dick W, Koßmann B (1982) Bupivacainkonzentrationen im Serum von Patienten mit kontinuierlicher thorakaler Katheterperiduralanaesthesie. Anaesthesist 31:434–438
189. Selander D (1987) Axillary plexus block: paresthetic or perivascular. Anesthesiology 66:726–728
190. Simpson PJ, Hughes DR, Long DH (1982) Prolonged local analgesia for inguinal herniorrhaphy with bupivacaine and dextran. Ann R Coll Surg Engl 64:243–246
191. Skeie B, Dodgson MS, Forsman M, Steen PA (1987) Effect of chronic bupivacaine infusion on seizure threshold to bupivacaine. Acta Anaesthesiol Scand 31:423–425
192. Smith SL, Albin MS, Watson WA, Pantoja G, Bunegin L (1983) Spinal cord and cerebral blood flow responses to intrathecal local anesthetics with and without epinephrine. Anesthesiology 59:A 312

193. Sophianopoulos JA, Durham SJ, Sophianopoulos AJ, Ragsdale HL, Cropper WP (1978) Ultrafiltration is theoretically equivalent to equilibrium dialysis but much simpler to carry out. Arch Biochem Biophys 187:132–137

194. Sosis M, Temple HT (1986) On the acceleration of epinephrine absorption by lidocaine. Anesthesiology 65:103

195. Steiger G (1971) Über die Wirkungsverlängerung von Mepivacain durch Zusatz von hoch- und niedermolekularem Dextran 6%. Med Dissertation Universität Mainz

196. Stoelting RK (1978) Plasma lidocaine concentrations following subcutaneous or submucosal epinephrine-lidocaine injection. Anesth Analg 57:724–726

197. Strauss RG, Dase D, Doering PL (1979) Prolonging paracervical block anesthesia: addition of dextran to 2-chloroprocatine. Am J Obstet Gynecol 133:891–893

198. Sukhani R, Winnie AP (1987) Clinical pharmacokinetics of carbonated local anesthetics. I: Subclavian perivascular brachial block model. Anesth Analg 66:739–745

199. Swerdlow M, Jones R (1970) The duration of action of bupivacaine, prilocaine and lignocaine. Br J Anaesth 42:335–339

200. Taylor S, Achola K, Smith G (1984) Plasma catecholamine concentrations. The effects of infiltration with local analgesics and vasoconstrictors during nasal operation. Anaesthesia 39:520–523

201. Thiessen F, Bergmann J, Steinhoff H (1984) Methämoglobinämie nach Blockade des Plexus brachialis mit Prilocain (Xylonest®). Reg Anaesth 7:94–95

202. Tolas AG, Pflug AE, Halter JB (1982) Arterial plasma epinephrine concentrations and hemodynamic responses after dental injection of local anesthetic with epinephrine. JADA 104:41–43

203. Tryba M (1985) Neue Gesichtspunkte zur Wirkungsweise der intravenösen Regionalanaesthesie. Reg Anaesth 8:21–24

204. Tryba M, Hausmann E, Zenz M, Wellhöner HH (1982) Toxizität von Prilocain und Bupivacain in der intravenösen Regionalanästhesie. Anästh Intensivther Notfallmed 17:207–210

205. Tryba M, Kurth H, Zenz M (1987) Klinische und toxikologische Untersuchung zur axillären Plexusblockade mit Prilocain oder Mepivacain. Reg Anaesth 10:31–36

206. Tucker GT (1986) Pharmacokinetics of local anaesthetics. Br J Anaesth 58:717–731

207. Tucker GT, Boas RA (1971) Pharmacokinetic aspects of intravenous regional anesthesia. Anesthesiology 34:538–549

208. Tucker GT, Moore DC, Bridenbaugh PO, Bridenbaugh LD, Thompson GE (1972) Systemic absorption of mepivacaine in commonly used regional block procedures. Anesthesiology 37:277–287

209. Ueda W (1986) On the acceleration of epinephrine absorption by lidocaine. Anesthesiology 65:103–104

210. Ueda W, Hirakawa M, Mori K (1985) Acceleration of epinephrine absorption by lidocaine. Anesthesiology 63:717–720

211. Ueda W, Hirakawa M, Mori K (1985) Inhibition of epinephrine absorption by dextran. Anesthesiology 62:72–75

212. Vaida GT, Moss P, Capan LM, Turndorf H (1986) Prolongation of lidocaine spinal anesthesia with phenylephrine. Anesth Analg 65:781–785

213. Veering BT, Burm AGL, Kleef van JW, Hennis PJ, Spierdijk J (1987) Epidural anesthesia with bupivacaine: effects of age on neural blockade and pharmacokinetics. Anesth Analg 66:589–593

214. Vendsalu A (1960) Studies on adrenaline and noradrenaline in human plasma. Acta Physiol Scand [Suppl] 49/173:23–32

215. Vester-Andersen T, Eriksen C, Christiansen C (1984) Perivascular axillary block III: blokkade following 40 ml of 0,5%, 1% or 1,5% mepivacaine with adrenaline. Acta Anaesthesiol Scand 28:95–98

216. Waldhausen E, Keser G, Marquardt B (1987) Der anaphylaktische Schock. Anaesthesist 36:150–158

217. Weir TB, Smith CCT, Round JM, Betteridge DJ (1986) Stability of catecholamines in whole blood, plasma, and platelets. Clin Chem 32:882–883

218. Wildsmith JAW (1986) Peripheral nerve and local anaesthetic drugs. Br J Anaesth 58:692–700
219. Wilson IH, Richmond MN, Strike PW (1986) Regional analgesia with bupivacaine in dental anaesthesia. Br J Anaesth 58:401–405
220. Winnie AP (1970) Interscalene brachial plexus block. Anesth Analg 49:455–466
221. Winter CA, Risley EA, Nuss GW (1962) Carrageenin-induced edema in hind paw of the rat as an assay for antiinflammatory drugs. Proc Soc Exp Biol 111:544–547